濮棱1号四棱豆
嫩荚生长状况

大田中搭架生长
的四棱豆

覆膜种植的矮生四棱豆品种

鲜荚期的四棱豆

1

四棱豆鲜荚

覆膜种植四棱豆

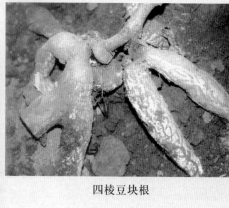

四棱豆块根

与玉米共生的
四棱豆

与小麦间作的四棱豆

2

四棱豆细菌性疫病
（叶烧病）

四棱豆病毒病

白曲霉病（四棱豆粒）

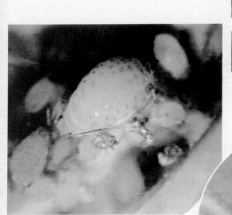

四棱豆豆荚蚜（腻虫）

美洲斑潜蝇

3

红蜘蛛与虫卵

四棱豆根结线虫病

非洲蝼蛄

小地老虎(上)和黄地
老虎(下)幼虫

黄地老虎成虫

4

奇迹植物 新兴蔬菜 绿色金子

四棱豆栽培及利用技术

编著者 裴顺强

顾 问 龙静宜

金盾出版社

内 容 提 要

　　四棱豆是一种营养丰富、有益于人类健康的新兴蔬菜,被誉为"豆科之王"。作者通过十多年的潜心研究与栽培实践,在本书中详细介绍了四棱豆的栽培概况、用途、栽培技术、病虫防治,及四棱豆的收获与贮藏和加工利用等。内容通俗易懂,便于操作,科学实用。适合广大菜农学习应用,亦可供农业院校相关专业师生学习参考。

图书在版编目(CIP)数据

四棱豆栽培及利用技术/裴顺强编著.—北京:金盾出版社,2008.6

ISBN 978-7-5082-5133-2

Ⅰ.四… Ⅱ.裴… Ⅲ.豆类蔬菜-蔬菜园艺 Ⅳ.S643.9

中国版本图书馆 CIP 数据核字(2008)第070776号

金盾出版社出版、总发行

北京太平路5号(地铁万寿路站往南)

邮政编码:100036 电话:68214039 83219215

传真:68276683 网址:www.jdcbs.cn

彩色印刷:北京金盾印刷厂

黑白印刷:北京华正印刷有限公司

装订:北京华正印刷有限公司

各地新华书店经销

开本:787×1092 1/32 印张:6.625 彩页:4 字数:138千字

2008年6月第1版第1次印刷

印数:1—10000册 定价:12.00元

(凡购买金盾出版社的图书,如有缺页、倒页、脱页者,本社发行部负责调换)

前　言

编写此书,意在推介蔬菜新品种,汇集研究新成果,提供种植新教材。

进入 21 世纪,人们饮食结构正在发生新变化,提出营养、保健和安全的新需求。四棱豆,就是符合这种需求的蔬菜新品种。其叶鲜嫩,茎多汁,花似蝶,荚爽脆,根甘甜,均可食用。其块根蛋白质含量是甘薯的 4～5 倍、土豆的 8～10 倍、木薯的 20 倍,居世界块根作物之首;其赖氨酸含量高于大豆,蛋白质含量可与大豆相媲美;其富含 17 种氨基酸,比一般蔬菜高;其全身均可入药,对多种疾病有食疗之效;……四棱豆已列入《新华本草纲目》《中国大百科全书》《中药药名大辞典》《辞海》等书,被国际四棱豆研究协会誉为"豆科之王""绿色金子""神奇植物",是 21 世纪的健康美食。

四棱豆作为一种能够促进人类健康长寿的新兴蔬菜,已引起全世界的广泛关注,我国的研究也方兴未艾。本人也潜心钻研十多年。作为农民,对农业新品种、新科技,怀有浓厚兴趣,在科教兴国、科教兴农的良好氛围中,在所在地区政府、科研机构支持下,在专家学者指导下,经十多年的实践,已培育出适应我国北方种植的四棱豆系列品种,如濮棱 1 号、濮棱 006 号、濮棱 098 号、濮棱 099 号、濮棱 168 号、濮棱 2000 号、碧翠 5 号、矮生直立濮棱 6 号等,其中濮棱 1 号、濮棱 2000 号是河南省第一个蔓生和矮生新品种,在《中国农村科技》《农家科技》《河南日报〈农村版〉》等媒体及中国四棱豆网站上均有报道。

中共中央、国务院《关于积极发展现代农业扎实推进社会主义新农村建设的若干意见》中,强调指出,要推进农业科技创新,强化建设现代农业的科技支撑。建设新农村,发展新农业,培育新农民,需要农业新品种、新科技、新教材。这本小册子,就是想汇集这一研究领域的新成果,为农民朋友种植四棱豆提供新教材。本书概要介绍了四棱豆的渊源概况、多种价值、栽培技术、病虫防治、收获贮藏、加工利用等,通俗易懂,便于操作,力求适合农民朋友的需要。

本书在编写过程中,得到许多同志和专家们的热情支持和帮助。中国农业大学农学与生物技术学院农学系龙静宜副研究员、朱文珊教授,中国农业大学资源与环境学院气象系张理副教授,中国农业大学农学与生物技术学院园艺张福墁教授、游捷副教授,中国农业大学农学与生物技术学院植保系彩万忠教授和马占鸿教授,中国农业大学食品学院戴蕴青副研究员和郭顺堂教授,中国农业大学农经学院杨讷华副教授,中国农业大学理学院应化系张文吉教授,中国农业大学生物学院杨苏声教授,濮阳市农业局苏兆荣高级农艺师,对全书进行认真的审校并提出改进意见。中原乙稀宾馆安原平先生,濮阳市社会主义学院王发松教授,濮阳县职业技术学校王永伟老师,在撰稿中给予了支持和帮助。最后由中国农大龙静宜和中国农科院作物品种资源研究所豆类室副研究员王佩芝全文审核。在此,谨向所有对本书编写出版予以帮助的专家老师们表示衷心的感谢! 由于水平所限,错误和不妥之处在所难免,敬请广大老师同仁提出宝贵意见。敬请填写"反馈意见表",虔心诚待您的批评指正。

盼"四棱豆"这个健康蔬菜新骄子,飞入平常百姓家!

裴顺强

2007 年 7 月

目　　录

第一章　四棱豆概况……………………………………（1）

第一节　起源…………………………………………（1）

一、原产地……………………………………………（1）

二、栽培史……………………………………………（2）

第二节　形态特征……………………………………（3）

一、叶…………………………………………………（3）

二、茎…………………………………………………（4）

三、花…………………………………………………（5）

四、荚…………………………………………………（6）

五、根…………………………………………………（6）

六、种子………………………………………………（11）

第三节　茎蔓类型……………………………………（12）

一、茎蔓生攀缘型……………………………………（12）

二、矮生直立型………………………………………（13）

三、蔓生中间型………………………………………（13）

第四节　生长发育与环境……………………………（13）

一、温度………………………………………………（14）

二、湿度………………………………………………（16）

三、光照………………………………………………（17）

四、土壤………………………………………………（20）

五、肥料………………………………………………（22）

第五节　品种（品系）………………………………（26）

一、蔓生缠绕四棱豆…………………………………（27）

1. 巴布亚新几内亚品系（K0000028）………………（27）

2. 印尼品系 …………………………………… (27)

3. 海南地方品种 2—2—2 ………………………… (27)

4. 浙江地方品种 ………………………………… (27)

5. 四川攀枝花品种 ……………………………… (27)

6. 翼豆 Ups-22 品种 …………………………… (28)

7. 中翼 1 号(96—13)、K0000030 号品种 ……… (28)

8. K0000010 号品种 …………………………… (29)

9. 早熟翼豆 833 号(翼豆 833、K0000006)品

种 ……………………………………… (29)

10. 早熟 1 号品种 ……………………………… (30)

11. 早熟 2 号品种 ……………………………… (30)

12. 933 号品种 ………………………………… (34)

13. 桂丰 1 号品种 ……………………………… (35)

14. 桂丰 3 号品种 ……………………………… (35)

15. 桂丰 4 号品种 ……………………………… (36)

16. 合 85—6(K0000010)号优选系 …………… (37)

17. 83871 品种 ………………………………… (38)

18. 紫边品种 …………………………………… (38)

19. 甬棱 1 号品种 ……………………………… (39)

20. 德棱一号品种 ……………………………… (39)

21. 濮棱 008 号品种 …………………………… (40)

22. 濮棱 998 号品种 …………………………… (40)

23. 濮棱 1 号品种 ……………………………… (41)

24. 南棱 1 号品种 ……………………………… (41)

25. 南棱 2 号品种 ……………………………… (42)

26. 南棱 3 号品种 ……………………………… (42)

27. 南棱 4 号品种 ……………………………… (42)

28. 海南五指山品种 …………………………………… (43)

29. 灵山品种 ………………………………………… (43)

30. 缅甸品种 ………………………………………… (43)

31. K0000028(ups-31)品种 ………………………… (44)

32. K0000027(ups-59)品种 ………………………… (44)

33. K0000025(ups-112)品种 ……………………… (44)

34. K0000029(ups-122)品种 ……………………… (44)

35. 金土四棱豆品种 ………………………………… (45)

36. 铜仁翼豆1号品种 ……………………………… (45)

37. 穗海品种 ………………………………………… (46)

二、矮生直立四棱豆 ………………………………… (47)

1. 桂矮品种 ………………………………………… (47)

2. 矮生96—14—1品种 …………………………… (47)

3. 濮棱2000矮生品种 …………………………… (48)

第二章　四棱豆用途 ………………………………… (50)

第一节 营养价值 …………………………………… (50)

一、蛋白质 …………………………………………… (52)

二、脂肪 ……………………………………………… (56)

三、碳水化合物 ……………………………………… (57)

四、β胡萝卜素与维生素 A ………………………… (58)

五、维生素 E ………………………………………… (59)

六、维生素 C ………………………………………… (60)

七、维生素 B$_1$ ……………………………………… (61)

八、维生素 B$_2$ ……………………………………… (62)

九、维生素 B$_6$ ……………………………………… (62)

十、叶酸 ……………………………………………… (63)

十一、纤维素 ………………………………………… (64)

十二、钙元素 ···················· (64)

十三、铁元素 ···················· (65)

十四、锌元素 ···················· (66)

第二节　药用价值 ················ (67)

第三章　四棱豆栽培技术 ·········· (71)

第一节　育苗 ···················· (72)

一、土肥要求 ···················· (72)

二、种子繁殖 ···················· (72)

三、组培繁殖技术 ················ (75)

四、插条繁殖 ···················· (78)

五、块根繁殖 ···················· (79)

第二节　栽培 ···················· (80)

一、大田栽培 ···················· (80)

二、茬口安排 ···················· (81)

三、四棱豆日光温室生产技术 ······ (85)

四、新型栽培——秸秆生物反应堆栽培技术 ······ (87)

五、园艺栽培 ···················· (91)

第三节　管理 ···················· (95)

一、浇水 ························ (95)

二、中耕 ························ (95)

三、除草 ························ (95)

四、搭架 ························ (97)

五、整枝 ························ (97)

六、四棱豆花蕾脱落现象 ·········· (98)

七、四棱豆的保护酶活性 ·········· (100)

第四章　四棱豆病虫防治 ·········· (102)

第一节　常见病害 ················ (102)

一、白星病 …………………………………（102）

二、果腐病 …………………………………（103）

三、细菌性疫病（叶烧病） ………………（103）

四、根腐病 …………………………………（104）

五、病毒病（花叶病） ……………………（105）

六、立枯病（死苗病） ……………………（106）

七、胞囊线虫病（根结线虫病） …………（107）

八、四棱豆药害 ……………………………（108）

九、四棱豆风害 ……………………………（111）

十、四棱豆肥害 ……………………………（112）

十一、四棱豆白粉病 ………………………（113）

第二节　虫害防治 …………………………（114）

一、豆荚螟 …………………………………（114）

二、豆蚜 ……………………………………（115）

三、茶黄螨 …………………………………（116）

四、马铃薯瓢虫 ……………………………（117）

五、地老虎 …………………………………（118）

六、蝼蛄 ……………………………………（120）

七、蛴螬 ……………………………………（121）

八、美洲斑潜蝇 ……………………………（123）

九、白粉虱 …………………………………（125）

十、蜗牛 ……………………………………（127）

十一、尺蠖（量尺虫、造桥虫、吊丝虫） …（128）

十二、红蜘蛛（朱砂叶螨） ………………（129）

第五章　四棱豆的收获与贮藏 ……………（132）

第一节　收获 ………………………………（132）

一、茎叶采收 ………………………………（132）

二、嫩荚采摘 …………………………………… (132)

三、种子的采收与留种 ………………………… (133)

四、茎蔓块根收获 ……………………………… (133)

第二节 贮藏 …………………………………… (134)

一、豆荚贮藏 …………………………………… (134)

二、种子贮藏 …………………………………… (135)

三、薯块贮藏 …………………………………… (135)

第三节 保管 …………………………………… (136)

一、防虫 ………………………………………… (136)

二、防病 ………………………………………… (138)

第六章 四棱豆加工利用 ……………………… (140)

第一节 加工技术 ……………………………… (140)

一、豆荚、豆籽加工技术 ……………………… (140)

二、薯块加工技术 ……………………………… (147)

三、四棱豆干荚壳制取淀粉技术 ……………… (149)

第二节 菜肴制作技术 ………………………… (149)

一、叶、茎的食用方法 ………………………… (149)

二、四棱豆荚食用方法 ………………………… (152)

第三节 效益分析 ……………………………… (160)

一、利用现状 …………………………………… (160)

二、四棱豆项目的开发前景 …………………… (162)

附录 …………………………………………… (164)

附录一 无公害四棱豆食品标准 ……………… (164)

附录二 无公害食品 四棱豆生产技术规程 …… (167)

附录三 四棱豆生产推荐安全农药 …………… (175)

附录四 四棱豆生产禁用农药 ………………… (179)

附录五 农药剂型名称、代码及说明 ………… (181)

附录六　农药喷雾加水稀释换算表……………………（191）

读者反馈意见表……………………………………………（193）

参考文献……………………………………………………（194）

第一章　四棱豆概况

四棱豆(*Psophocarpus tetragonolobus*),植物分类为豆科(*Leguminosae*)、四棱豆属(L)。其豆荚有 4 条锯齿棱边,因此得名。棱边角形似翅翼,又名翼豆、翅豆、四稔豆、志豆、国王豆、云霄豆、果阿豆、尼拉豆、皇帝豆、香龙豆、四楞豆、四角豆、番鬼豆。其豆荚截面形似杨桃,亦名杨桃豆。

据佘朝文,宋运淳,刘立华在《四棱豆的核型和 G-带带型研究》一文中分析说:四棱豆的核型公式为 $2n=18=4m+14sm(2SAT)$。其中第六、第八对染色体为中部着丝粒染色体,其余 7 对为近中部着丝粒染色体。第七对染色体具有随体。其次缢痕位于染色体的亚中部,与着丝粒相距很近,其间为一小片段相隔,次缢痕至端粒的臂很长。具有"小体—连接丝—大随体"结构。这与百合、蒜等植物相似,染色体相对长度变异范围是 $14.80\% \sim 7.39\%$。染色体绝对长度变化范围是 $5.33 \sim 2.52 \mu m$(微米)。第一对和第二对染色体、第四对和第五对染色体彼此间相对长度接近,但带纹数目有差异,前两者的差异在长臂,后两者的差异在短臂。此外,它们彼此间带纹的大小和分布也各不相同。第三对染色体短臂的相对长度较第五对的长,但它只有 2 条带纹,后者却有 3 条带纹。根据非同源染色体 G-带带型的不同,可将它们准确区分。

第一节　起　源

一、原产地

四棱豆,还有许多别称、绰号。原为高温热带野生植物,是一古老物种。人类栽培史已近 400 年,品种日益增多。

四棱豆是起源于非洲和东南亚旧大陆。目前，只有非洲还有野生种的分布。

四棱豆属中，只有 $P \cdot tetragonolobus$(L)DC 为栽培食用品种。其起源地点有 4 处：Burkill(1906)认为，它起源于马达加斯加、毛里求斯及非洲的东部海滨地区，于 17 世纪传播到亚洲的东南部，Masefield(1973)在上述这些地区都找到了这些品种；Vavllov(1951)认为，它起源于印度；而 Ryan(1972)和 Hymowitz&Boyd(1977)提出巴布亚新几内亚才是它的起源中心。四棱豆最大的多样化中心是巴布亚新几内亚和印度尼西亚、毛里求斯、马达加斯加和印度。其驯化中心至少有两个：一是巴布亚新几内亚和印度尼西亚高原，原产于这里的四棱豆不分枝、早熟、紫花，播种至开花需 57~79 天，茎、叶和荚均具有花青素，小叶以卵圆形和正三角形为多，荚长 6~26 厘米，薯块表面粗糙，种子和薯块的产量较低；二是在缅甸的中央平原及附近东南亚地区，属多年生，小叶卵圆形、三角形、披针形等，较晚熟，营养生长 4~6 个月，茎蔓缠绕生长，绿、紫绿或紫色，侧枝多，豆荚长 18~20 厘米，个别长达 70 厘米，对12~12.5 小时长光周期敏感，根系容易形成块根。

依据人们开发和利用的不同，四棱豆可分为 3 类品种：一是以采收嫩荚为主的蔬菜型品种；二是以生产粮食和饲料为主的饲粮型品种；三是菜粮兼用的复合型品种。目前，我国大多数品种均属后一种品种。

二、栽 培 史

四棱豆作为一种珍稀物种，有其独特的植物学特征。其叶、茎、花、荚、根、种，呈现奇特而诱人的前景。

全世界共有四棱豆品种资源约 4 320 份。它已有 400 年的栽培历史。目前有 80 多个国家和地区对它进行研究和开发。它于 19 世纪引入我国东南沿海地区,广西壮族自治区早在 20 世纪 30 年代就开始研究和利用,广东省、海南省、云南省西双版纳等地已有多年栽培历史。1978 年,国际利用植物开发委员会把四棱豆列为第一要开发植物,相继组成了国际四棱豆指导委员会、国际四棱豆研究所和国际四棱豆研究协会,国际性的学术会议通过《关于"四棱豆"的开发研究及利用》论证报告,列为"21 世纪健康美食"。我国也成立了"中国四棱豆研究机构",1977 年开始研究,1989 年大范围开始试种推广,湘、苏、浙、皖、鄂、渝、沪、川、赣等地种植栽培成功,90 年代越过黄河,在京、津、豫、鲁地区,甚至北纬 46° 的哈尔滨也能正常生长,吃上四棱豆鲜荚。在我国收集的四棱豆品种种源约有 50 份。专家刘俊松认为,在我国能收到四棱豆种子并能形成产量的地区为湖北省的丹江口、浙江省的平湖、江西省南昌等地,纬度跨度为北纬 30°～32°。

第二节　形态特征

四棱豆为蝶形花的总状花序。子叶不出土,三出复叶。豆荚截面形似杨桃,长条四面体形,绿色或紫色,荚含种子 8～21 粒,圆球体,种皮光滑,有白、黄、褐、棕、红、黑等色。地上结豆荚,地下长块根(薯块),有固氮特性,为一年生或多年生攀缘草本或藤本。近几年我国除培育出了蔓藤搭架品种外还培育出直立不搭架品种、短蔓中间型品种及各部分与搭架攀缘蔓藤相似的品种。四棱豆各部位示意见图 1-1。

一、叶

叶片是四棱豆一生中进行光合作用的器官,有赖于叶柄基部叶枕薄膜组织膨压的变化而自动调节角度,上午与光线垂直,中午与光线平行。由于四棱豆子叶不出土,顶土能力较

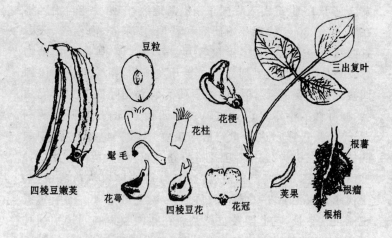

图中标注：豆粒、三出复叶、花梗、花柱、髭毛、根薯、花萼、四棱豆花、花冠、荚果、根瘤、四棱豆嫩荚、根梢

图 1-1　四棱豆各部位示意

强。出土幼苗如遇主芽枯死,地下子叶节的休眠芽(侧芽)可萌发新枝。第一对真叶为对生单叶,其后长出的复叶为三出复叶,互生。复叶有共同的叶柄和托叶,每一小叶又各自具有叶柄和托叶。复叶少数有二出或四出、五出复叶,叶柄长而坚实,有沟槽,基部有叶枕。小叶阔卵形品种,全缘,急尖,光滑,无毛,叶背面有霜。叶色分为绿色、紫绿和紫红。

叶的功能期长达 2～3 个月或更长。叶片光合速率的变化为单峰曲线,9 时至 13 时最高,光合作用强度最高。枝叶总叶数和叶面积的增长前期缓慢,中后期迅速。

二、茎

四棱豆蔓茎一般长 3～4 米,最长可达 10 米,一般主茎有 25～40 个节。茎蔓光滑无毛,绿紫色(有时紫绿相间)。苗期生长缓慢,至 5～6 片叶时,节间长 1～3 厘米,可直立生长;抽蔓后生长迅速,节间距离从基部到顶端由短到长。分枝以逐级分生方式生长。茎蔓纤细,粗纤维含量高,粗蛋白质含量可与小麦相媲美。以主茎、侧枝抽生的分枝依次为二级分枝、三级分枝,少数叶腋生四级分枝。多级分枝次数增加,节间逐渐变疏,枝叶横生。在潮湿环境中,茎节易生不定根,故可以扦插繁殖。

三、花

四棱豆的花呈蝶形总状花序,盛花期单株同时开花可达百朵,每花序有小花 2～10 朵,花梗长 3～15 厘米,每一花序开花顺序是从基部的花先开,为强势花;中部和顶部的花后开,为弱势花。一般在上午 8～10 时开花,气温低时延时开放。花色有淡蓝色、蓝紫色和白色。一般开花后 5 天花瓣凋谢。花药在晚上裂开,柱头多在花开放前后授粉;花粉粒圆形、黄色。最上的一片旗瓣宽,花萼长 1.5 厘米,花瓣 5 片,无毛。基部有 2 耳,外面白色、蓝色或紫色,翼瓣较龙骨瓣长,具喙,龙骨瓣基部有爪,中部联合;雄蕊 9+1 二体,子房呈花瓶状短柄上位。基部为圆盘式的圆柱状,上部的花柱粗壮内弯,柱头扁球状,有髯毛,密被茸毛从花中伸出。胚珠多数,花蕊柱头外露,便于昆虫等主要传粉媒介授粉,异交率可达 7%～36%,因此育种时或品系试验时,为确保品系纯度,要隔离种植。

自现蕾至开花需 15～20 天。广州地区开花时间一般在中午至 20 时左右,历时 8～10 个小时;在河南省濮阳市及华北地区,一般在上午 9～10 时,气温低时下午才开放,从开花到坐荚一般需 5～7 天。同一花序第六节位以上一般不能结荚。同一花序一般可结 1 荚,部分结 2 荚,少数结 3 荚,个别结 4 荚,偶见 5 荚。花成荚率占全株花数的 3%～7%,最多不超过 10%,坐荚率极低。

四、荚

四棱豆荚果是主要收获物,呈绿色、绿紫色或紫色、青绿色,有四个棱角,每个棱角有锯齿状的翼,背线两侧略高,好似一对翅膀,故有"翼豆"之称。嫩荚或干荚多为弧形弯曲,部分品种也有顺直荚果。横面荚果呈菱形或矩形、四棱形。果皮即荚皮,由一个心皮发育而成,两裂片因逐渐形成粗纤维荚壁革质细胞的老化而变成硬荚。豆荚的生长发育以结荚后的第一个5天增长最快,占总长度的61%,平均日增长1.28厘米;第二个5天伸长率占总长度的32.4%,平均日增长0.68厘米;第三个5天伸长率占总长度的6.4%,平均日增长0.13厘米,至结荚后的20天左右达到最大长度。荚果长5~25厘米,最长可达70厘米。单株结荚30~50个。

荚的发育分两个时期:幼荚期和荚果胚粒成熟期。边开花、边结果、边成熟,开花结荚期较长,翼宽约5毫米,嫩荚为黄变绿色,老荚颜色将逐渐变深、变褐至黑色。荚长10~70厘米或8~25厘米,一般长20厘米左右,荚宽2.3~3.5厘米。成熟期分散,其采收期可根据需要而定,属多次性收获作物。

幼荚期是四棱豆开花后15~20天,含水量达90%,荚内豆粒还未形成,手握鲜荚柔软,荚质嫩脆,纤维含量低,荚果重20~50克,个别品种达65~120克。嫩荚生长较快,每天可生长1厘米,易腐烂,对霜冻十分敏感。Nangiu(1976)报道,四棱豆绿荚产量在尼日利亚为12 000~19 300千克/公顷,巴布亚新几内亚为4 980千克/公顷,印度尼西亚的爪哇地区为2 740~3 400千克/公顷。

五、根

四棱豆的根是由根系、侧根、须根、根瘤和块根组成。

四棱豆根系入土深度可达80~100厘米,侧根根幅30~

50厘米。茎蔓搭架品种深度和侧根根幅面积扩展就越大,矮生直立四棱豆根幅面积就小一些,匍匐地上茎节在潮湿环境下易生不定根,兼有节与皮孔生根能力,也可长根瘤和块根。

根瘤是四棱豆重要的生物形态特征。其大小、形状、数量和分布随着四棱豆品种有所不同。四棱豆出苗20天后开始形成根瘤。根瘤是由于土壤中的短杆状根瘤菌,被四棱豆植物根系分泌的有机物质吸引而聚集在根毛周围,形成共生体系。属于豇豆互接种族。根瘤菌固定空气中的氮素,增加土壤中的氮素肥源,供四棱豆利用,成为"天然氮肥加工厂"。

根瘤菌在固氮时,除了将空气中的氮气转化成氨外,还进行氢的释放,放氢所浪费的能量相当于固氮酶总能量的1/3。根瘤同光合器官的关系尤为密切,其能够提供的化合态氮量在很大程度上决定于光合作用效率和向根瘤中输送碳水化合物的情况。环境因素对固氮效率也有重要影响。

四棱豆的固氮能力很强,经乙炔还原法和气相色谱仪测定,每小时每克鲜根瘤固氮26.5～33.9微克,每年每667平方米四棱豆固氮44.7～67.65千克,相当于51.6～100.6千克的硫酸铵。在大田栽培条件下,根瘤在营养生长期的固氮酶活性最高,花荚期活性开始下降,结荚期固氮酶活性最低。根瘤从形态发育上看,成熟的根瘤固氮酶活性最高,幼龄根瘤次之,衰老根瘤固氮酶活性显著下降。

根瘤的固氮作用是通过类菌体从根瘤细胞中摄取水分和养分,在固氮酶的催化作用和常温常压下,把空气中的氮分子转变为可供植物利用的氨态氮,从开花到籽粒形成初期固氮量达到最高点,占根瘤一生全部固氮量的80%,到接近成熟期,固氮活性下降。每667平方米四棱豆的根瘤固氮高达11～15千克(相当于55～75千克硫酸铵或64～88千克碳酸氢铵）。

一般四棱豆的幼苗长到 4～6 片真叶时,开始形成根瘤。植株生长缓慢,叶色浅,出现缺氮现象。根瘤着生于幼嫩根系的表皮,呈瘤状突起,圆形、白色,剖面为暗紫红色。长大的根瘤为淡棕色,呈不规则的圆球。根瘤直径一般为 0.2～0.5 厘米,最大可达 1.4 厘米,重达 0.6 克。须根着生大量的根瘤,多者呈串珠状。根瘤的大小和数目因品种而异,单株根瘤多达 200～956 个,重量可达 21 克。四棱豆根瘤在土壤中的接种效果,见表 1-1。

表 1-1 说明,VAM 即 VA 菌根真菌所表现的正效应,可能与 VA 菌根真菌对四棱豆的高度侵染有关,也可能是根瘤菌与菌根真菌互利互惠的结果。Garbaye 指出,土壤中一类菌根真菌的辅助细菌（Helper bactereia）即会促进植物根与菌根真菌的相互识别,有利于菌根真菌的生长与孢子萌发,以及对根际土壤的修饰(汪洪钢,吴观以,李慧荃. VA 菌的研究方法[J]. 土壤肥料,1982(3):33～34。Paula 等用固氮醋酸杆菌与双接种的试验表明,固氮醋酸杆菌会增加菌根真菌在甘蔗、地瓜和高粱根组织中的 VA 菌根真菌孢子数并促进其繁殖。Isopi 等用固氮醋酸杆菌与 *Glomus mosese* 双接种的试验也证实,双接种处理的明显比只接种菌根真菌处理的根长,且分支更多。研究结果表明,双接种的处理使植株和根的干重分别比仅接种 VA 菌根的高 5.6% 和 15.7%。菌根真菌有利于固氮醋酸杆菌的侵染和繁殖。Isopi 指出,接种 VA 菌根真菌的处理其根组织能增殖。VA 菌根真菌之所以促进四棱豆结瘤固氮醋酸杆菌,可能与 VA 菌根真菌增进四棱豆的磷素有关。接种 VA 菌根真菌的四棱豆根的含量为 0.271%,比对照(0.243 1%)高。根部含磷量的提高是否意味着宿主根

表 1-1 四棱豆根瘤在土壤中的接种效果

土壤类别	测定时的生育期	处理	根瘤(粒/株)	瘤重(g/株)	固氮量(μg/株·h)	固氮酶活性(μg/g·h)	生物量(g/株)
灰红泥沙土	现蕾期	双接种	1018±87	93.0±8.6	26300.4±98	30.3±0.3	1786.0±76.2
		不接种VAM	357±66	24.1±2.8	4296.2±88.2	19.1±0.3	1034.1±19.5
灰红泥沙土	开花期	双接种	957±103	100.4±5.8	未测定	未测定	2100.6±44.3
		不接种VAM	779±75	55.9±3.2	未测定	未测定	1300.9±22.8
灰红泥沙土	结荚期	双接种	862±36	122.4±7.6	28903±44.8	2.53±0.02	2072.4±50.4
		不接种VAM	405±23	59.8±8.6	407.4±33.6	0.73±0.01	1975.1±34.3
坡地红壤	成熟期	双接种	561±38	94.7±5.4	65.4±5.8	0.074±0.003	2067.5±38.5
		不接种VAM	405±12	5.25±3.2	14.2±2.0	0.029±0.001	1403.1±45.2

注：摘自《福建农业学报》2000年第二期，郑伟文、宋亚娜《VA菌根真菌和根瘤菌对翼豆生长、固氮的影响》

瘤菌固氮提供更多的 ATP 还待进一步研究。

据福建省农业科学院生物中心郑伟文和宋亚娜试验结果：接种大豆、蚕豆、豌豆、紫云英根瘤菌及混合菌剂均能侵染四棱豆并结瘤固氮。其固氮能力经用乙炔还原法和气相色谱仪测定，每小时每克鲜根瘤固氮 26.5～33.9 微克；5～6 片真叶时可形成根瘤。随机抽取 40 盆栽四棱豆，平均单株结瘤数为 498 粒，平均单株瘤重为 61.8 克；单株根瘤数最高达 1 185 粒，最大瘤重为 2.27 克/粒，有效瘤占 30%，远高于常见的豆科作物。各种处理的生物产量均高于不接种植株。尤其以接种大豆、蚕豆、豌豆和紫云英根瘤菌混合菌剂的处理效果最好（表 1-2）。

表 1-2　接种根瘤对四棱豆结瘤固氮和生长的影响

接种菌株	测定时的 生育期	根瘤数 （粒/株）	瘤　重 （g/株）
大豆根瘤菌	开花至结荚	364±21	26.5±3.5
紫云英根瘤菌	现蕾至开花	265±18	18.7±3.2
混和菌剂	现蕾至开花	463.5±22.5	33.6±5.8
不接种	现蕾至开花	138.0±7.5	11.5±1.4
接种菌株	固氮量 （μg/株·h）	固氮酶活性 （μg/g·h）	生物量 （g/株）
大豆根瘤菌	16.32±3.00	0.066±0.004	1740.7±42.3
紫云英根瘤菌	20.94±3.20	0.120±0.35	586.7±33.8
混和菌剂	39.20±4.26	0.125±0.43	180.30±125.7
不接种	11.27±2.4	0.105±0.21	632.6±24.3

注：摘自《福建农业学报》2000 年第二期，郑伟文、宋亚娜《VA 菌根真菌和根瘤菌对翼豆生长、固氮的影响》

在始花至结荚、成熟后期需肥量占全生育期总肥量的比率分别为：氮素占总量的84.8％，磷素占总量的90％，钾素占总量的60.9％。结荚后期又长块根更需钾肥，钾肥的施用则应前轻后重。

四棱豆的块根，主要是根系膨大后长成的，少数是蔓茎在地表生成根后膨大的。主要分布在10～25厘米深土层，每株视品种不同结块根数量也不同，一般株产3～15个呈胡萝卜状或纺锤形块根，长5～20厘米，直径2～5厘米。四棱豆中期长块根（大部分在90天左右），皮厚粗糙。块根颈部可萌发幼芽，可作无性繁殖用。

我国南方四棱豆二年生的块根，最长可达40厘米。每株产块根0.2～1.0千克；在热带可宿地越冬。据报道，广东省台山县有二年生单株收块根重6.25千克。

我国北方四棱豆块根较南方产量稍低。播种后100天，须根、根瘤的生长与叶面积的大小成正相关，然后主侧根上形成贮藏淀粉的块根。环境和管理条件良好，有利于继续营养生长和块根的形成。形成块根的品种种植后6个月，块根根系的干重继续增加。在7～8个月时，收获块根。这时地上枝叶开始衰老，如果不及时收获，当条件适宜时，地下块根可存活多年，成为多年生。用地下茎或组织培养，比用块根或切割的块根更容易进行无性繁殖。四棱豆开花结荚中期，就要注意施钾肥和培土，以利于块根生长。

六、种　子

成熟期是四棱豆开花后25～50天，荚内纤维不断增加使荚壁革质化。荚内水分散失加快，由胚发育的籽粒逐渐膨胀，由软变硬，浅色变深色，胚乳充实，水分减少。种子由种皮、子叶和胚3部分组成。种子有黄、绿、棕、红、黑、褐、紫、白等颜色,以圆形或椭圆形为多。成熟种子含水量 8%,百粒重 25~50 克,种子无休眠期,种皮坚韧有蜡质。直接从老荚中剥出的种子发芽率 70%左右,有 3%~30%种子不易发芽。四棱豆种子产量据 Rachie(1974)报道:尼日利亚为 2 426 千克/公顷;马来西亚为 4 590 千克/公顷。一般贮藏条件下发芽力可保持 2~3 年,低温霜冻后收获的干荚不宜作种子。单荚含豆粒 5~20 个。种子颜色随贮藏期延长而变褐,活力、发芽力和食用价值也会降低。种子贮藏时间过长,活力会完全丧失。四棱豆产量参见表 1-3。

表 1-3　斯里兰卡四棱豆产量

每株植物荚数	每荚种子数(粒)	100 粒种子重量(克)	绿荚产量(千克/公顷)	干种子产量(千克/公顷)	块茎产量(千克/公顷)
17~21	15~20	36~42	26600	4280	1260

注:李娘辉等,1996 年

第三节　茎蔓类型

四棱豆的茎蔓为草质藤本,有攀缘习性。按照攀缘性强弱可分为:茎蔓生攀缘型、矮生直立型、蔓生中间型(或矮生)。

一、茎蔓生攀缘型

长势强,耐肥水,根系发达,固氮率高,产量高。其茎蔓有两次明显生长高峰:第一次是始花期前,主茎分枝,全部腋芽转为花芽时,分枝数有所减少;第二次是结荚盛期,主茎顶芽转化为花芽,结荚数激增,顶端优势减弱,二次、三次分枝大量发生,分枝数猛增,但无效分枝较多,因消耗养分过多,对结荚产量和品质影响较大。应注意打尖去杈,保存有效分枝,去除无效分枝,减少养分消耗。

二、矮生直立型

自行封顶,有限结荚。分枝能力极强,植株丛生直立生长。主茎长约 80 厘米,茎节生长 11～15 片叶后,其顶芽分化为花芽而自行封顶。侧枝生长出 3～6 片叶,二次分枝生长 1～3 片叶后,顶芽分化为花芽而自行封顶。主茎、侧枝各节腋芽都可以分化形成花芽而开始结荚。主茎第七至第九节腋芽分化成花芽易于结荚。

三、蔓生中间型

茎蔓攀缘性较弱,可匍匐生长,对光照不敏感,抗逆性较强,耐贫瘠,生物学特性介于攀缘型与直立型之间。

第四节　生长发育与环境

四棱豆原产于热带雨林地区,跨越北纬 25° 至南纬 27°。由于热带雨林地带潮湿、多雨、日照少、气温高等环境条件的长期驯化,其显著特性是多年生和无限结荚习性,营养生长和生殖生长并进时间较长,对环境条件比较敏感。四棱豆不耐高温、霜冻。在湿润环境生长良好,对土壤要求不严格。

四棱豆生育期,一般从播种到第一朵花开放所需时间最短 45 天,一般为 65～95 天,分为发芽期(10～14 天)、幼苗期、抽蔓期(35～50 天)和结荚期,开花后约 20 天采收嫩荚。

四棱豆生长发育需要有较高的温度。在我国华南沿海及广西、云南、海南等地 4 月上旬至 5 月播种最好;长江流域保护地育苗可在 4 月份播种,5 月中下旬定植,8～11 月间陆续采食嫩荚。直播 5 月下旬播种,华北露地栽培应在 3 月下旬保护地育苗,苗期 25～30 天,4 月下旬至 5 月上旬定植大田,春季有风沙的地区要扎风障或扣拱棚。黄淮海平原 2 月下旬至 3 月上旬育苗,4 月上旬分植于小拱棚。在北方使用保护地栽培,有保温条件,可全年种植生长（表 1-4,表 1-5）。

表 1-4　蔓生四棱豆不同地区种植生育概况

区域	一月			二月			三月			四月			五月			六月			七月			八月			九月			十月			十一月			十二月		
	上旬	中旬	下旬	上旬	中旬	下旬	上旬	中旬	下旬	上旬	中旬	下旬	上旬	中旬	下旬	上旬	中旬	下旬	上旬	中旬	下旬	上旬	中旬	下旬	上旬	中旬	下旬	上旬	中旬	下旬	上旬	中旬	下旬	上旬	中旬	下旬

注:"∩"为育苗;"□"为露地直播;"⌒"为保护地;"┄"为苗龄期;"△"为移栽;"※"为始花期;"¤"为盛花期;"一"为生长期;"◇"为始荚期;"◆"为盛荚期;"＝"为收获期;"●"为全株收获

表 1-5　濮棱 008 四棱豆种植区域物候示意（试验数据）

区域	一月			二月			三月			四月			五月			六月			七月			八月			九月			十月			十一月			十二月		
	上旬	中旬	下旬	上旬	中旬	下旬	上旬	中旬	下旬	上旬	中旬	下旬	上旬	中旬	下旬	上旬	中旬	下旬	上旬	中旬	下旬	上旬	中旬	下旬	上旬	中旬	下旬	上旬	中旬	下旬	上旬	中旬	下旬	上旬	中旬	下旬

注:"∩"为育苗;"□"为露地直播;"⌒"为保护地;"┄"为苗龄期;"△"为移栽;"※"为始花期;"¤"为盛花期;"一"为生长期;"◇"为始荚期;"◆"为盛荚期;"＝"为收获期;"●"为全株收获

一、温　度

四棱豆年平均温度在 15℃～28℃生长良好,最适温度为

25℃左右(表 1-6)。通风透光不良、湿度大、温度低,种子易霉烂。长期高温环境中(38℃以上时)不发芽,超过 41℃环境下出苗受到抑制。据曾林奎(1996)报道,在较低温度下,对四棱豆种子进行变温处理,对发芽率、日均发芽率、发芽指数、出苗率、出苗指数等都有所提高,但在较高温度下,效果不明显。在 22℃~30℃变温下最终发芽率、发芽指数明显高于 26℃恒温的指标。花蕾发育期遇高温会使花蕾发育不完全和不能完全开放,并影响花粉粒的萌发与花粉管伸长,增加落花落荚。开花受精最适日平均温度为 20℃~25℃;36℃以上的高温环境和长期在 17℃以下,结荚不良或引起花蕾脱落,结荚率降低。气温降至 10℃以下,生长停止。块根发育期喜凉爽,昼夜温差大,有利于根茎膨大,昼夜温度分别控制在 30℃ 和 18℃时,最适合四棱豆的生长和发育。有试验表明(刘谦乙,1994):当最高气温达到 30℃时,虽然能开花,但结荚数量极少;最高气温达到 32℃时,仍可继续大量开花,但在开花后便自行脱落,坐不住荚;当气温低于 14℃时,开花、结荚停止。温度过高或过低时都会抑制花原基的形成。开花和结荚对温度的反应基本一致,但在对高温忍耐程度方面,短期 34℃高温天气仍能正常开花,但不能结荚。只有在最高气温 28℃左右,最低气温 21℃左右,日平均气温 25℃左右时,开花、结荚最为适宜。适当低温,特别是昼夜温差大,则能提前开花,产量也高。

表 1-6　四棱豆生育期间的温度条件

生育期	最低温度	最适温度	最高温度	有效积温
种子发芽	11℃	26℃~29℃	41℃	70℃±4℃
种子出苗	12℃~13℃	20℃~26℃	38℃	106℃±8℃

生育期	最低温度	最适温度	最高温度	有效积温
开花期	17.2℃	20℃～25℃	36℃	1110℃
花期授粉	17℃以上	20℃～25℃	32℃～36℃	
豆荚生长	12℃以上	22℃～27℃	36℃～42℃	1407℃
块根茎叶	0℃～8℃	20℃～28℃	30℃～40℃	

注:根据中华(国)四棱豆网资料精心绘制

高海拔比低海拔地区的生育期短,产量高。在原产地海拔2 400米的高山地带0℃低温下也能正常生长越冬,并在翌年发芽抽出新枝。四棱豆对霜冻特别敏感,地上部分遇霜冻立即干枯。要注意霜冻前10～14天采收幼嫩荚,以集中养分促进有效种荚正常成熟。在北方地区要注意选择耐霜冻(或对霜冻不敏感)的品种,如早熟2号、濮棱6号、濮棱098等品种。

二、湿　度

四棱豆一生中需要水分较多,但适应性较强,在年降水量1 500～2 500毫米地区有利于生长发育,在年降水量1 000毫米的东南亚地区生长也没有明显差异。在有人工灌溉条件的干旱地区年降水量在200～400毫米也可种植生长。

四棱豆种子是豆类中最不易吸水的种子。一般吸水量相当于种子重的80%～90%才能正常发芽,播前浸种有助于种子发芽。苗期根系发达,有较强的抗旱能力。干旱时植株生长缓慢,茎蔓纤细,易生病虫害。开花结荚期降雨当天引起落花落荚,随后出现开花、结荚高峰。空气相对湿度高于70%有利于生长。单纯由灌溉供应水分,空气湿度不足有可能引起水分胁迫,影响花蕊器官形成和豆荚生长发育,如有喷灌条件,可喷灌避害。河南濮阳7～9月份正处于降雨量最大的季节,四棱豆正处于结荚盛期,有利于开花结荚,生殖生长和营养生长同时进行,吸水量更大。四棱豆喜湿润,怕旱怕涝,在生长的各个阶段都要求适宜的土壤湿度(表1-7)。春、夏季一般3～5天浇1次水,雨季应及时排水防涝。育苗移栽时要灌足定植水,提高幼苗成活率。抽蔓期以前需水量小,保持土壤湿润即可。如水分过多,容易使植株根系集中于地表土层中造成地上植株徒长,影响产量和品质。抽蔓现蕾后需水量明显增加,以水调肥,并及时进行中耕培土。开花结荚盛期、块根膨大期需水量更大,尤其大量幼荚快速生长对水分较敏感,此阶段缺水不但影响幼荚的生长,还会引起大量的花荚脱落。水对其产量影响最大,在北方7～8月份雨水较多时,四棱豆生长茂盛,结荚率高。在干旱季节进行喷灌效果最好。

表1-7　四棱豆生育期间的湿度条件

生育期	降水量低限	最适降水量	最高降水限量	备　注
种子发芽	86～98mm	185.6mm	200mm	正常发芽
苗期土壤含水量	17mm	25mm	60mm	正常生长
始花结荚期	200～400mm/a	2500mm/a	4000mm/a	对产量和品质影响
根茎块根	250mm/a	400～450mm/a	3000mm/a	生长不良

注:根据菜豆栽培技术《四棱豆》综合绘制

土壤水分过多造成积水时,土壤中缺氧,根系养分吸收受阻,生长不良,叶片变黄脱落,花荚脱落,根系腐烂死亡,在生产中应注意及时防涝和排水。

三、光　照

四棱豆在生长期间对光照非常敏感,但因品种的差异对光照反应有一定的不同,临界光照周期一般为 12 小时,如果苗期进行短日照处理,可在出苗后 40 天左右开花,植株根系生长不良。四棱豆通过光照阶段,不但要求短日照,而且需要较大的温差。出苗 20～28 天的幼苗对光照尤其敏感。长日照条件易造成徒长,开花结荚晚,短日照处理(8～10 小时处理 20 天)的,开花时间可提早6～7 天。在生长初期 20～28 天中对短日照敏感,此时用短日照处理能提早开花。在炎热的夏季,四棱豆发生歇花现象,在第一花期结束之后,当其重新开花时,各种光照处理的植株始花期基本相同,短日照处理,不再保留提早开花的效应。这表明,四棱豆的光照周期效应存在于一定范围,当超过此范围时,其效应便不明显,甚至消失。Burkill(1906)认为,在热带地区的印度长日照条件下,使它适宜开花的光周期反应受到了抑制。Masefield(1961)发现,四棱豆在英国夏季长日照及冬季短日照条件下,植株开花的抑制物均可形成,使植株不能开花。可是在一些亚热带地区,即使长日照条件下它也能开花。因此,人们推测四棱豆植物适宜的光周期诱导反应可能存在着一个较狭窄的时间变化范围(表 1-8)。

　　四棱豆生长中后期要求光照充足,不耐遮荫,但炎夏季节直射强光对生长不利,遮荫区的茎叶、荚果、种子产量均高于无荫蔽区。四棱豆喜光怕旱,尤其在开花结荚期,更需要充足的光照进行光合作用,以满足全株营养生长和生殖生长的需要,使叶、茎、花荚和种子及块根得到充分的生长。光照的长短也影响到植株的生长习性、侧枝与花序着生的节位等。受光合产物营养水平的影响,光照强度会影响根瘤的固氮效率,光照不足形成的根瘤很少。结荚率与降水和日照时数为正相关,因此,四棱豆栽培应选择阳光充足、灌溉方便的地块。

表 1-8 四棱豆品种 833 的生育期（日／月）

试种地点	纬度（北纬）	年平均温度（℃）	四棱豆生长期始花自然日照平均数	播种期	始花期	始熟期	枯黄期
广 州	23°08′	21.8℃	13.5 小时	7/4	5/6	25/7	10/12
南 京	32°01′	15.4℃	14.0 小时	8/5	11/7	4/9	11/11
濮 阳	35°45′	13.5℃	14.7 小时	12/4	28/6	6/8	8/11
北 京	39°48′	11.6℃	15.0 小时	3/4	26/6	11/8	5/11

注：在濮阳为 2002 年用 833 四棱豆品种试验用露地大田种植的试验参数，其他三城市均引自《8 种豆类蔬菜栽培技术》2001 年版（中国科学院华南植物研究所，1987 年）

四、土　壤

四棱豆对土壤的适应性较强，一般砂质土和黏土都可以栽培，但不宜在黏重板结土壤、渍水田、水位很高酸性很强的土壤种植。在 pH 值为 4.5 时生长差，但植株和根瘤还能存活。在 pH 值 8.6 的盐碱土壤也能生长。适应 pH 值范围为 5.5～7.5，以肥沃、通透性良好的土壤最佳。最适宜的土壤 pH 值 5.5。土壤溶液浓度超过 1 000 毫克/千克时植株生育不良，尤其不耐含氯化钠的盐碱土。

经这几年艰苦研究四棱豆特性，在河南省濮阳市非常适合的地质是褐土化两合土(沙土，褐土化沙土)，既不沙也不黏的土壤，其余土壤类别可以结荚生长，如 pH 值 8～9 时也可以用酸性肥料或壤土改良，淤土或灌淤土用沙土附土改良，提高通气性。沙土或沙滩风沙土要增施有机肥，提高土壤肥力，并采取地膜覆盖或抗旱防旱措施。四棱豆较耐贫瘠，不耐涝，不耐干旱，不耐盐碱，黏性重、通透性差，块根生长不良，会出现烂根现象，根薯产量低或食味性差。

四棱豆在不同土壤中的结瘤、固氮能力也不同(表 1-9)。盆栽试验表明，坡地红壤经石灰改良，pH 值 7.1，速效氮 31.5 毫克/千克，速效磷 1.0 毫克/千克，速效钾 74.0 毫克/千克的四棱豆结瘤、固氮能力高于红泥沙土(pH 值 6.59，速效氮 140.42 毫克/千克，速效磷 54.4 毫克/千克，速效钾 78 毫克/千克)。盆栽四棱豆结瘤固氮能力高于小区试验，这可能与盆栽土壤较为疏松、水分供应充足有关。

盆栽于坡地红壤土的四棱豆和种植于灰红泥沙土的四棱豆，接种大豆根瘤菌也表现出正比效应，且较早开花、成熟。

近年研究表明，某些地区人群消化道癌症增多，与当地食物中的硝酸盐、亚硝酸盐的大量积累有关。蔬菜硝酸盐含量

表 1-9 不同土壤接种根瘤菌对四棱豆的固氮效应（盆栽试验）

土壤类别	接种菌株	根 瘤 (粒/株)	瘤 重 (g/株)	固氮量 (μg/株·h)	固氮酶活性 (μg/g·h)	生物量 (g/株)
坡地红壤	大豆根瘤菌	546±64	97.5±18.3	500.6±69.8	0.55±0.08	1039.3±230.4
坡地红壤	不接种	414±32	67.05±8.5	431.8±43.4	0.69±0.06	683.4±61.3
泥沙土	紫云英根瘤菌	824±24	69.9±7.6	378.4±40.5	0.58±0.02	1072.3±88.3
泥沙土	蚕豆、豌豆根瘤菌	292±15	40.1±5.4	56.14±7.8	0.15±0.01	977.12±90.5
泥沙土	不接种	272±25	23.2±2.8	39.0±3.2	0.18±0.01	719.9±65.5

注：摘自《福建农业学报》2000年第二期，郑伟文、宋亚娜《VA菌真菌与根瘤菌对翼豆生长固氮的影响》

与土壤中的氮素供给水平和盐分平衡有关。所以,在无公害蔬菜生产中应以科学用肥、平衡施肥作为降低产品亚硝酸盐的有效措施。

土壤中的农药施用不当,即便是低毒高效农药,也会造成污染。

五、肥 料

四棱豆生育期较长,需肥量大,虽然根部根瘤有较强的固氮作用,但仍需大量的农家肥和化肥。据测定,每收获 100 千克种子,需纯氮 2.4 千克,五氧化二磷 5.4 千克,氯化钾 13.54千克,根瘤固氮效率为 68.1%,其氮总量中真正从土壤中吸收的只有 5.1 千克。氮、磷、钾三要素之比为 1.4:1:2.5。

在始花期至结荚期的开始,以氮、磷为主。结荚初期至种子成熟期以氮、钾为主,可防治早衰,延长结果期,提高种子品质,促进块根生长,提高产量。

基肥以有机复合肥为主,化肥为辅。前期施氮、磷肥,后期施钾肥,叶面喷肥促进植株调整,增加花、荚和块薯的产量和品质。据试验,四棱豆理论需肥量 100 千克干粒为例,每667 平方米需纯氮 7.65 千克,纯磷 5.4 千克,纯钾 13.54 千克,实践施肥量要高一点,如按每 667 平方米 2 000 株计,需施尿素 15 千克,过磷酸钙 70 千克,氯化钾 30 千克。①幼苗期根瘤未形成,适量施氮,增施磷、钾肥。②大量元素、中量元素与微量元素相结合。③土壤施肥与根外追肥及叶面喷肥相结合。

四棱豆生育期内需吸收大量的营养物质,主要有碳、氢、氧、氮、磷、钾、硫、镁、钙、铁、锰、锌、钼、铜、硼、氯 16 种元素。对氮、磷、钾、钙的需要量显著高于禾谷类。其中磷、钾都能促进根瘤固氮;钙对种子形成和发芽起重要作用;钼能增加叶片

表 1-10 四棱豆生育期施肥标准

生育期	肥类与用量	备注
幼苗期	尿素 10～15 千克/667 米²	根瘤未形成或根瘤较少
根瘤形成	磷酸二铵 5 千克、磷酸二氢钾 2 千克/667 米²（100 千克草木灰或钾肥 10 千克/667 米²）	
现蕾期结荚	75 千克/667 米² 硫酸铵或 5 千克/667 米² 尿素	长势好，旺盛期可以不施肥
现蕾开花期结荚期	过磷酸钙 20～30 千克/667 米²，氯化钾 10～15 千克/667 米²，结合培土	有利于根薯的形成
摘嫩荚	人粪尿 100 千克/667 米²	采收 2～3 次追施 1 次
盛花期	磷酸二铵和尿素比例 1：1，用水稀释 1％溶液叶面喷施	晴天下午 4 时喷施
盛花后期	用量 0.15～0.20 千克/667 米²，亚硫酸钠用量 100 毫克/千克	间隔 10 天喷 5 次，共喷 5 次，可以使种子早熟，根薯膨大，提高蔬菜品质
土壤追肥	磷酸二铵 20 千克/667 米²，氯化钾 10 千克/667 米²	1～2 次追施
基肥追施	有机肥 3 000～4 000 千克/667 米²，氯化钾 100 千克/667 米²，过磷酸钙 25 千克/667 米²	深耕细耙

注：根据试验及笔记资料综合归纳设计

中的叶绿素含量,提高光合作用并可以促进固氮作用;硼可促进结荚,是根系与根瘤之间纤维管丝形成与发育所必需的;镁是叶绿素中惟一的金属元素,与光合作用有关;铁对根瘤中的血红蛋白与固氮有密切的关系,铁蛋白是固氮酶的两个组成部分之一。植物缺铁时,幼叶脉受影响尤为明显。四棱豆生育期施肥要求见表1-10。

根外追肥(即叶面喷肥)很重要,因为四棱豆叶部营养吸收比根部吸收快,用量少,一般占土壤施入量的1/10~1/15。叶部营养可促进根部营养,提高产量和品质。叶面喷施微肥,常用浓度为1.5%~2%,对叶片及叶背面喷施以叶两面均沾湿为好,一般宜在无风的下午至黄昏前喷施。叶面喷肥还可添加湿润剂以降低溶液的张力,增大溶液与叶片接触面积,以提高喷施效果。

豆类作物营养缺乏的症状表现及农家肥(有机肥料)的有效成分,参见表1-11,表1-12。

表1-11 豆类作物营养缺乏的症状

叶症状	植株变化	营养元素缺乏症状	营养元素
全株或仅下部较老叶子表现病症	全株出现病征,下部叶子变黄干枯	植株淡绿色,下部叶子首先变成黄色,然后变成棕色而凋落,很快其他叶也受到影响,缺少根瘤菌的固氮作用,植株生长矮瘦	缺氮
		植株暗绿色,叶柄及子叶向上直立,茎可能微显红色,植株矮瘦	缺磷
	仅下部叶子出现具有或没有死亡组织的缺绿花斑,但不干枯	叶子上主要叶脉间颜色部分先变淡,再变成深黄色,叶子基部及中下部则不受影响,生长后期缺乏时,叶缘向下卷曲,并由边缘向内逐渐变黄色,最后变成青铜色	缺镁

叶症状	植株变化	营养元素缺乏症状	营养元素
全株或仅下部较老叶子表现病症	仅下部叶子出现具有或没有死亡组织的缺绿花斑,但不干枯	先沿叶片边缘发生黄色花斑,以后围绕叶的尖端及边缘联合起来,形成一个明显的黄色边缘,且很快枯干凋落,叶子小的豆类作物全会受到影响,生长受到抑制	缺钾
		叶脉间组织变黄,并发生棕色斑点,缺绿部分的死亡组织脱落,生长受到抑制	缺锌
较幼叶子表现——生长矮矬	顶芽死亡,幼叶的尖端或基部歪扭	生长点附近叶子发黄,有时并发红,下部叶子仍绿色,节间缩短,形成簇生状态。幼芽变成近似白色,或淡棕色的死亡组织,开花很少	缺硼
	顶芽未死	叶呈淡绿色至黄色,叶脉绿色,叶片上有枯死斑点,大雨后可能使幼叶的缺绿现象消失	缺锰
		叶呈黄色至几乎白色,主要叶脉呈绿色,叶缘部分出现枯死斑点即脱落	缺铁
		叶及叶脉都变成淡绿色至黄色,幼叶最先受到影响	缺硫
		幼叶可能皱缩萎谢,但不缺绿,叶子常脱落过多,植株生长矮矬	缺铜

注:引自浙江农业大学《作物栽培学》上册,1961 年

表 1-12　农家肥(有机肥料)的有效成分　(%)

有机肥料	N	P_2O_5	K_2O
人粪尿	0.5～0.8	0.2～0.4	0.2～0.3
猪厩肥	0.45	0.19	0.6
马厩肥	0.58	0.25	0.53

有机肥料	N	P_2O_5	K_2O
牛厩肥	0.34	0.16	0.4
羊厩肥	0.83	0.23	0.67
堆　肥	0.4～0.5	0.18～0.26	0.45～0.7
高温堆肥	1.055～2	0.3～0.82	0.47～2.43
饼肥(豆饼,棉籽饼,菜籽饼,茶籽饼,花生饼,芝麻饼等)	1～7	0.3～3	1～2.5

注:摘自《植物肥料营养手册》

第五节　品　种(品系)

　　四棱豆种质资源丰富,是一个庞大的家族。全世界约有4 320个品种,大部分为东南亚种质及英国、美国、非洲等55个国家和地区拥有。有80多个国家和地区进行研究和开发利用。我国收集的四棱豆资源约50份。目前栽培的四棱豆多为攀缘性极强的蔓生四棱豆,蔓长2～3米或更长,分枝多,结荚多,攀缘生长。还有少数是矮生或直立生长型,株高80～100厘米,多分枝或丛生直立生长,结荚集中、早熟,但抗病性和抗逆性不如蔓生攀缘品种。我国蔓生搭架品种引种已有100多年历史,分布于云南、广西、广东、福建、海南等省、自治区,以零星种植为多。1977年开始研究,1989年大范围推广试种,目前有20多个品种分布于琼、粤、湘、鄂、桂、川、渝、浙、皖、苏、沪、闽、豫、鲁、京、黑、津、贵、吉、辽、冀等省、市、自治区。矮生直立型四棱豆还很少。本书根据四棱豆的生长习性分为蔓生攀缘缠绕搭架四棱豆,矮生丛生或无架四棱豆。共介绍我国种植的40个品种或品系。

一、蔓生缠绕四棱豆

1. 巴布亚新几内亚品系（K0000028）　一年生，早熟，自播种到开花 57～79 天，茎蔓生，小叶以卵圆形居多，花紫色，茎叶和荚均具有花青素，荚长 6～26 厘米，表面粗糙，种子、块根的产量较低。

2. 印尼品系　多年生，较晚熟，在低纬度地区全年播种均能开花，小叶卵圆形、三角形或披针形等，茎叶绿色，花紫色、白色、淡蓝色或深红色；在热带地区全年播种均能开花结实。营养生长达 4～6 个月，豆荚长 18～20 厘米，个别长达 70 厘米。我国栽培的多属此类品系。

3. 海南地方品种 2—2—2　广东省农业科学院经济作物研究所从海南省农家搜集的品种，海南省万宁县兴隆华侨农场、儋县等地有零星栽培。蔓生，小叶 3 片，近卵圆形，先端稍尖，长约 12 厘米，宽约 11 厘米，深绿色，花冠旗瓣外面白色，花内浅紫色；荚深绿色，长 22 厘米，宽 3.5 厘米，单荚重 20克；种子圆卵形，棕褐色。生长期：嫩荚 180 天，老荚 216 天，播种至初收约 150 天。海南省播种在 12 月至翌年 3 月。栽培时期 5～10 个月。耐热、耐旱，不耐寒，迟熟，品质优良。

4. 浙江地方品种　一为茎叶、荚翼均为绿色的品种。嫩荚长 15～18 厘米，单荚重 20 克左右，脆嫩、纤维少，品质好；二为茎叶、荚翼均为紫色的品种，嫩荚长 20～22 厘米，单荚重25 克左右，荚质较硬，纤维多，品质较差。长江流域 4 月份可在保护地育苗，5 月中下旬定植，8～11 月间陆续采摘嫩荚食用。一般每 667 平方米产 600 千克，产干豆 150 千克，产块根750 千克。也可在 5 月下旬直播。

5. 四川攀枝花品种　在该地已有 60 余年的栽培历史。该品种第一花序着生在第七节，每个花序结荚 1～2 个。荚长

21厘米,宽约2.1厘米,厚3厘米。荚条四棱形,横断面呈"工"字形,单荚重21克,质地脆嫩,味美,品质好。种子矩形,茶褐色。地下根膨大成肉质根块,皮浅黄褐色,肉质白色,味微甜稍涩,根梢有根瘤菌块。

6. 翼豆Ups-22品种 福建省莆田市庄边农技站从国外引进的品种。荚呈绿色,直径0.6～1.1厘米,苗期长势好,茎蔓长4～5米,叶绿色,呈心脏形。花蓝白色,花瓣椭圆,平展侧叠,属无限结荚,亚型蝶形花序。荚长5～30厘米,内含种子4～15粒,种皮棕色,有光泽。种脐灰白色,呈扁球状,百粒重29.5克。块根肉质、乳白色,直径1.5～3厘米,长6～12厘米。根部根瘤大而多,直径0.6厘米以上,单株有根瘤达200个。每667平方米产薯块95千克,种子85千克,嫩荚675千克,干蔓藤荚壳5 500千克。搭架产量更高。该品种适应性强,耐瘠薄,耐病虫侵害,较适宜于低海拔潮湿地带种植。对铝元素的毒性敏感。苗期受水渍,根少苗黄,长势弱,结瘤差,后期受涝,根败早衰。土壤pH值在5～6可正常生长。苗期较耐旱,开花结荚期干旱则会造成落花落荚现象。

7. 中翼1号(96—13)、K0000030号品种 由中国农业科学院品种资源研究所1996年从国际热带农业所引入晚熟四棱豆材料TPT$_{22}$变异早熟单株中系统选育而成。经四川省师范学院生物系和中国农业科学院资源研究(室)所共同鉴定。原品系代码为96—13。全国统一编号K0000030。在广东省电白县种植鉴定,4月23日播种,8月6日成熟,全生育日数为108天,属早熟品种。长蔓型,叶色浅绿,紫蓝色花,荚有翼,种子球形、棕黄色,株产粒重48.3克。平均荚长20厘米,百粒重约36克。平均单株产荚30个,鲜荚1080克,鲜薯块86.1克,鲜茎叶280克。该品种净产量折合667平方米产鲜荚 2 700 千克,干种子 121 千克,鲜块根 215.3 千克 ,鲜茎叶 700 千克。4 月上旬播种,6～10 月下旬采收嫩荚 ,生育期 185～210 天,具有早熟高产,采嫩荚期长,抗病能力强,适应性广等特点。该品种从播种到开花较当地种植四棱豆早 30 天,采收期长。该品种适合南方各地种植,在北方可作为蔬菜生产发展。

8. K0000010 号品种　经中国农业科学院品种资源研究所选育。四川师范学院生物系和中国农科院品种资源研究所共同鉴定。叶绿色,嫩荚绿色,翼为紫色,种子似球体,荚长 18～20 厘米,重约 35 克,平均株产 24 个,667 平方米产鲜荚 840 千克。株产干籽 33.12 克,鲜薯块 87.69 克,鲜茎叶 250 克,667 平方米产嫩荚 2 100 千克,干种粒 81.6 千克,鲜薯块 220 千克,茎叶 625.3 千克。该品种 4 月上旬播种,7 月上旬至 10 月下旬采收嫩荚。生育期 200～210 天。具有高产、抗病、适应性广等特点,适应四川及同纬度亚热带地区种植。

9. 早熟翼豆 833 号(翼豆 833、K0000006)品种　系中国科学院华南植物研究所从澳大利亚引进。这是从四棱豆品种 H45 的早熟变异株系中选育成的早熟新品系。广东省电白县鉴定,3 月 16 日播种,8 月 7 日成熟,全生育期 118 天。经济性状良好,其开花比亲本提早 63 天,成熟期相应提早。蔓长 4～6 米,茎蔓表现为有限生长,在主茎下部的腋芽发出分枝,继续生长、开花、结荚,嫩荚不饱和脂肪酸含量高达 70%,种子氨基酸总含量高达 43.9%。秋季有"顶花现象"。翼豆 833 号固氮能力强,须根着生大量的根瘤,单株高达 200～956 个,百粒重 27～67 克。抗病毒病。目前由于该品种所需有效积温低,对光照不敏感,在北方引种成功的范例很多,翼豆 833 号是目前原产于潮湿亚热带地区短日照植物北引种植成功的品种。

10. 早熟 1 号品种 是中国农业大学龙静宜副研究员对中国科学院华南热带植物研究所选育的"早熟翼豆 833 号"经多年早熟定向选育而成的品种。其生物学性状及各种营养成分含量见表 1-13 至表 1-17。

茎蔓光滑无毛,左旋性缠绕,蔓长 3.5～4 米,茎基部 1～6 节可分枝 3～4 个,分枝力强,茎叶绿色,叶形阔卵形复叶和三角形。腋生蝶形总状花序,每个花序有小花数朵至十余朵。花淡蓝色,单株结荚 40～50 个,荚长 16～18 厘米,荚粒数 8～13 粒,单荚粒重 3.0～3.2 克,百粒重 26～28 克,种皮米黄色,荚壳与籽粒之比为 1:1。80%～90% 植株的近地活性土壤层根系膨大成块根,块根呈粗纺锤形,单株结薯 2～6 个。每 667 平方米产薯块 89 千克,产嫩荚 835.19 千克,产干豆粒 120 千克。每 667 平方米种植 2 000～2 500 株。始熟期在 8 月中下旬,开始坐荚较多,9～10 月为结荚高峰期,3 月下旬至 4 月上旬育苗,10 月底至 11 月初霜前收完。在北方温带地区,块根不能直接在田间越冬。

11. 早熟 2 号品种 系中国农业大学龙静宜副研究员对中国科学院华南热带植物研究所国外品系 835 中的一个单株变异体,经多年早中熟品系中定向选育而成的品种。其生物学性状及各种营养成分含量见表 1-13 至表 1-17。

草质蔓藤攀缘性强,蔓长 3.5～4.5 米,茎基部 1～6 节可分枝 4～5 个,分枝力强。茎叶光滑无毛,左旋性缠绕生长。小叶宽卵形,茎叶深紫红色。腋生总状花序。每花序有小花数朵至十余朵。花蕊淡蓝色。荚果呈四棱形,嫩荚绿色,翼边紫红色,荚大、美观,纤维化较迟。单株产荚 40～50 个,荚长 18～20 厘米,成熟荚果黑褐色,易裂荚,单荚粒数 8～15 粒,单

表 1-13　早熟 1 号、早熟 2 号生物学性状

项目	苗期	花	嫩荚	老荚	种子	薯块	根瘤	叶片	茎蔓
周期	40~90天	65天	15~25天	40~50天	40~50天	90天	20天	2~3月	100~150天
性状	子叶不出土，顶土加强	自花传粉	四棱形，四边形	菱形翼，弯曲	种脐小，生于侧面，皮薄	胡萝卜状，微凸	豇豆族根瘤菌	互生，复叶茂盛	攀缘
生长量	4~5周生长缓慢	始花至终花2000朵	荚长16~21厘米	长16厘米	8~13粒（荚）	3.5×1.5（厘米）~15.0×2.2（厘米），2~6个	每667平方米固氮30~100千克	茂盛	繁茂
颜色	绿色	蓝色	绿色	黑褐色	米黄色	灰白色	乳白色	绿色	绿色
重量			28克	31克	百粒31克	0.2~1.0克	27~67克		5000千克/667米²
温度	12℃以下停止生长	25℃	25℃~27℃	23℃~32℃	18℃~28℃	18℃~30℃	18℃~29℃	10℃霜冻	6℃停止生长
特征	侧芽萌发加强，胚茎顶端长真叶	花腋生蝶形，总状花序	四个翼，有裂片2个	翼棱皱边，易剥开荚	无胚乳，有两子叶，圆形	根块肥厚，肉质白，株产3~7个	圆形，剖面暗红色	阔菱形，绿色，复叶	蔓藤有限，茎生长有分枝，大
蛋白质				14.5%	38.5%	18.8%		23.1%	

表1-14 早熟1号、早熟2号维生素含量 （微克/100克鲜荚）

项目 \ 品种	水分(%)	胡萝卜素	硫铵素	核黄素	尼克酸	吡多醇	抗坏血酸	维生素E	叶酸
早熟1号	91.5	130	0.01	0.04	0.8	10.9	3	0.01	57.85
早熟2号	91.2	69	0.01	0.03	1.1	7.2	2	0.01	40.2

注：四棱豆早熟1号,2号嫩荚维生素含量.北京农业大学食品检测中心测定,1993年

表1-15 早熟1号、早熟2号嫩荚和籽粒无机盐含量 （毫克/千克）

无机盐含量 \ 品种	水分(%)	钠	钾	钙	镁	磷	铁	锰	锌	铜	硒	硫	铝	硼	铬	钼	不饱和脂肪酸和脂肪	氨基酸(总量)	非必需氨基酸
早熟1号嫩荚	91.5	0.2	85	56	20	20.0	0.1	0.13	0.12	0.05	\	7.1	0.07	0.13	0.01	0.03	\	6.41	15.41
早熟1号干豆粒	12.7	0	684	290	118	287	5.3	1.87	3.10	0.59	\	2.89	0.12	1.18	0.08	1.08	80.62	18.88	\
早熟2号嫩荚	91.2	0.3	92	44	18	25	0.20	0.23	0.21	0.06	\	8.6	0.17	0.15	0.01	0.03	\	10.47	10.95
早熟2号干豆粒	12.3	0	642	265	117	282	5.0	1.83	2.73	0.74	\	25.4	0.17	1.07	0.07	1.02	80.99	18.58	\

注：四棱豆早熟1号,2号嫩荚和籽粒无机盐营养物质的含量.北京农业大学食品检测中心测定,1990年（摘自《豆类蔬菜栽培技术》,1995）

表 1-16 早熟 1 号、早熟 2 号成熟期各部分蛋白质含量 （%）

| 测量部位 项目 品种 | 种 子 | | 块根（薯块） | | 嫩 荚 | | 叶片＋叶柄 | | 藤 蔓 |
	水分	蛋白质	水分	蛋白质	水分	蛋白质	水分	蛋白质	水分	蛋白质
早熟 1 号	12.7	38.76	7.6	19.03	5.8	28.24	6.5	26.13	7.8	16.75
早熟 2 号	12.25	39.84	7.76	18.03	7.3	28.82	10.8	21.92	9.0	16.38

注：四棱豆种子贮存蛋白质主要是三种球蛋白。即四棱豆蛋白 A，B 和 C。含硫氨基酸的大部分贮存在四棱豆蛋白 A。

（1991 年北京农业大学植物营养分析室

· 33 ·

荚粒重 3.0～3.4 克,百粒重 26～30 克,种子似圆球形。种脐凸出,种皮灰紫色。每 667 平方米产嫩荚 1022 千克,产干豆粒 125 千克。80%～90%植株接近地面活性土壤层根系膨大成薯块,呈长纺锤形。株产薯块 3～12 个,每 667 平方米刨收 250 千克。南方 4 月初播种,北方 3～5 月播种育苗,7～10 月开始采收嫩荚,可连收获 100 天左右,北方 11 月上旬收完,南方 12 月中旬收完。

表 1-17　早熟 1 号、早熟 2 号油分脂肪酸组成　(%)

不饱和脂肪酸			饱和脂肪酸		
组　成	早熟 1 号	早熟 2 号	组　成	早熟 1 号	早熟 2 号
油　酸	40.08	43.35	肉豆蔻酸	0.05	0.06
亚油酸	34.73	34.56	棕榈酸	9.36	9.77
亚麻酸	5.15	3.03	硬脂酸	5.20	5.05
棕榈烯酸	0.66	0.05	花生酸	4.27	3.70
总　量	80.62	80.99	总　量	18.88	18.58

注:北京农业大学食品检测中心测定,1992 年(摘自《豆类蔬菜栽培技术》,1995)

12. 933 号品种　是中国科学院华南热带植物研究所选取早熟翼豆 833×616 的杂交后代,经定向选育而成。616 是该所 1991 年自国外引进的白色花冠、白色种皮的晚熟品种,百粒重 29～35 克,种皮较薄,硬实率一般低于 10%。

植株蔓生,幼苗第一节至第八节均可发生一级分枝,植株基部一般有 10～13 个分枝和主蔓并进生长,一般日生长量 5～6 厘米,快者生长量可达 11～13 厘米。6 月 24 日初蕾,但落蕾严重,8 月 15 日初花,9 月 1 日坐荚,荚长 13～14 厘米,宽 2.3 厘米,每荚种子数 8～10 粒,晚秋为开花盛期,但落蕾期较长。

植株营养体较大,枝叶柔嫩,是北方较为理想的高蛋白饲料食用品种和采收嫩荚的菜用品种。

13. 桂丰 1 号品种　是广西农业大学从国外引进的四棱豆品系"Kus-12"中选育的极早熟品种。2002 年通过广西壮族自治区农作物品种审定。

属中晚熟品种,对光周期不敏感,生长发育所需积温低。早熟,果形稳定,分枝和攀缘能力较弱,豆荚呈扁平状,肉质肥厚,不易纤维老化,嫩荚采收期长。嫩荚淡绿色,成熟种子深灰色,河南省濮阳县城关镇裴西屯试验田 667 平方米产嫩荚 1 000～1 400 千克。春播和夏播的初花着生节位都稳定在主茎蔓藤的第四至第六节。在广西南宁市物候期见表 1-18,该品种对光照不敏感,每 667 平方米可种 4 000 穴,平均每荚种子数为 9.7 粒,百粒重 26 克,667 平方米产嫩荚 1 000～1 400 千克。667 平方米用种量 1.2～1.5 千克。

表 1-18　桂丰 1 号分期播种的物候期(南宁)

播种期	始花期	始熟期
3 月 11 日	5 月 23 日	7 月 4 日
3 月 25 日	6 月 2 日	7 月 14 日
4 月 10 日	6 月 9 日	7 月 24 日
4 月 25 日	6 月 15 日	7 月 28 日
5 月 10 日	6 月 29 日	8 月 12 日
7 月 10 日	8 月 26 日	10 月 10 日
7 月 28 日	9 月 12 日	10 月 28 日

注:生育结束期均为 12 月中旬

14. 桂丰 3 号品种　系广西农业大学从四棱豆品系 GL-

42 中选育的以采收嫩豆荚作为蔬菜食用的中晚熟品种,2002 年通过广西壮族自治区农作物品种审定。开花结荚能力强,嫩荚商品性好,荚直而大,外形美观喜人,营养丰富,蛋白质含量为 2.15%,可溶性糖含量 1.45%,18 种氨基酸总量为 1.26%,每 100 克可食用嫩豆荚的维生素 C 含量 7.7 毫克,维生素 B_1 0.04 毫克。另外,还富含钙、磷、铁等多种矿物质。

为无限结荚蔓生品种,主蔓长 3.5~4.5 米,第十五节至第二十节开始着生花芽。以后各节均长出花芽,主蔓的第三节至第十节上共长出 3~7 条 1~2 米长的侧蔓,侧蔓的第二节至第三节开始着生花芽,以后各节都着生花芽。花为腋生总状花序,每序有小花 2~10 朵,花冠蓝色,嫩豆荚浅绿色。豆荚长 19 厘米,直而大,光滑美观,横断面呈正方形。单株结荚数 30~50 个,每荚有种子 15 粒。成熟豆荚黑褐色,种皮黄褐色,百粒重 30 克。每 667 平方米产嫩荚 1 100~1 650 千克,产种子 200~297 千克。

桂丰 3 号在广西南宁地区于 3 月 15 日至 7 月 20 日播种。在河南省濮阳地区播种期为 3 月 10 日至 6 月 15 日,8 月中旬前开花多自然脱落,8 月下旬前后开的花蕊才能结荚。开花结荚盛期在 9 月中旬至 10 月中旬,可连续开花,10 月下旬至 11 月上旬收获。广西南宁市 12 月中下旬收获,翌年 3 月至 4 月,地下块根再萌发出新芽,但我国北方地区不能在田间越冬。

15. 桂丰 4 号品种　由广西大学农学院从日本九州大学保存的 GL-50 品系变异株系统选育而成,2004 年通过广西壮族自治区农作物品种审定。

茎蔓生攀缘,主蔓长 4.0~4.8 米,有 4~6 条侧蔓,分枝力强。中晚熟,最初花序的着生节位为 11~18 节,每个花序有小花两朵至十几朵，花冠蓝紫色。荚果四棱形，嫩豆荚绿色，翼边深紫红色，纤维化较迟。豆荚长 21.2 厘米。豆荚直而大，外观光滑漂亮，横断面呈正方形，单株结荚数 60 个左右，每荚有种子 13～17 粒，成熟豆荚黑褐色，成熟的种子黑色，种子千粒重 320 克。一般开花后 10～15 天采收嫩荚，开花后 45～50 天采收成熟豆荚供留种。每 667 平方米植 2 000～3 000 株，用种量 1.00～1.25 千克，嫩荚 667 平方米产量 1 100～1 700 千克。广西壮族自治区适播期为 4～7 月，7 月下旬至 9 月上旬开始采收，可连续收获至 12 月。在河南省濮阳县收获期为 11 月上旬以前。

16. 合 85—6(K0000010)号优选系　是安徽省合肥市农科所选育的中早熟优质新品系。在广东省电白县鉴定，3 月 16 日播种，8 月 15 日成熟。全生育期天数为 125 天。株茎圆柱形，空心无毛，茎蔓长 2～3 米。荚长 8～25 厘米，宽 1.5～3.5 厘米，内含种子 7～15 粒。种子近球形，深褐色，有光泽，种脐大而明显。百粒重 20～32 克，根系发达。生育期 125～210 天，初花期 87 天，终花期 150 天。属早熟品种。

品质优良，种子蛋白质含量 37%，叶片干蛋白质含量 26%，薯块形似小胡萝卜状，其蛋白质含量 16%，蛋白质中有 18 种氨基酸，每百克鲜豆含赖氨酸 30.01 克。亮氨酸、缬氨酸含量等均高于大豆。脂肪含量 14.39%，硬脂酸占 2.58%。种子除富含维生素 E 外，新发现富含维生素 D，高达 356.99 单位/克（摘自 1991 年《豆类蔬菜栽培技术》）。嫩叶富含维生素 C 和维生素 B_2，可炒食，做汤，做色拉，叶、薯块和种粒均含矿物质和微量元素铁、锌、镁、钙、铜、锰、钼等。

在各地试种表现如下：浙江、湖南、江苏等地，表现正常。在海南、广西、广东等地试种，播种期到始花期为 60 天，安徽试种 667 平方米产嫩荚 1000 千克,单株产嫩荚 0.5～0.84 千克。据南京地区试种,667 平方米产豆粒 100 千克,百粒重 31.5 克,单株结荚 43 个,荚粒平均有种子 8.5 粒,单株结薯重 48.7 克。喜温暖、不耐寒、不耐旱、喜湿润、忌高温。浙江省龙泉市试种 5 个点,单株一年生块根重 0.6～1.5 千克。多年生单株块根可达 6 千克。在河南省濮阳县城关镇裴西屯裴顺强试验田表明:合 85—6 单株结荚 30～78 个,荚长 15～21 厘米,可食嫩荚重 20～50 克;单株产嫩荚 0.6～4 千克。单株一年生块根重 0.2～1 千克。在北方可作为蔬菜发展。

17. 83871 品种　系从国外引进的品种。是经中国科学院华南植物研究所与北京蔬菜研究中心选育而成的早熟品系。植株蔓生,植株中等,中后期茂盛。蔓长 3～4 米,分枝力强,蔓左旋性缠绕生长,易长不定根,宜于 3 月中旬保护地育苗。苗期 25～30 天,小叶三出卵形,全缘、顶叶急尖,光滑无毛,花腋生总状花序,每个花序有花 2～40 朵,花冠较大,浅蓝色、无毛,花多在 9～10 时开放,盛花期单株同时开放百余朵,荚果长 16～35 厘米,宽 2.5～4.5 厘米,横切面呈矩形或菱形,荚内含种子 6～14 粒。嫩荚绿色,成熟荚果褐色。种子有明显的种脐,为黄褐色,种皮光滑,无胚乳,有两片肥大子叶,百粒重 27.5 克。种子没有休眠期,发芽后子叶留在土中,50% 左右的植株近地表活性土壤层的根系可膨大成薯块。块根呈纺锤形,每株有块根 2～5 个,皮较粗糙,但易剥离,质脆,可食用。

18. 紫边品种　是北京市蔬菜研究中心从国外品种中筛选出适应性较强的早熟品种。植物生物学特性与形态特征,基本与 83871 早熟四棱豆相同。主要区别在紫边四棱豆豆荚周边为深紫色。可食嫩荚较大,纤维化较迟。花期略晚。叶和茎蔓深紫色或部分紫色。

经过多点试验，能在华北地区开花结实，但是需要一定的栽培技术来保证其品质和产量。露地栽培管理较粗放。每667平方米产嫩荚800～1 000千克，产干豆粒60～170千克。

19. 甬棱1号品种 系宁波市农业科学院蔬菜研究所引进选育的四棱豆良种。

植株蔓生，长势强，搭架栽培，其蔓长可达4米以上。茎蔓光滑无毛，绿色，左旋性缠绕生长，苗期生长缓慢，抽蔓后生长迅速，分枝性强，侧枝多。子叶属留土型，不出土，故顶土能力强。复叶一般为三出复叶，叶互生、绿色，叶柄长而坚实，有沟槽，基部有叶枕。小叶光滑，呈卵圆形。根系发达，由主根、侧根、须根、块根、根瘤组成，一年生植株便可形成块根。花为总状花序，腋生，花较大，淡蓝色，花瓣5片。嫩果荚黄绿色，有4个棱，每个棱上有锯齿状的翼。

嫩果荚长10～12厘米，质脆嫩，纤维少，品质好。成熟荚呈深褐色，内含种子7～20粒，种子球形，表面平滑有光泽，种皮褐色、较坚韧，千粒重250～300克。属无限结荚习性，春播后约65天始收荚果。每667平方米嫩果荚产量一般为1 500～2 000千克。

种子发芽适温25℃左右，生长和开花结荚适温20℃～25℃，属短日照植物，生长发育期间要求光照充足。喜温湿环境，既不耐干旱，又怕涝，不耐霜冻。对土壤要求不严，适应性较强，但以深厚肥沃的砂壤土最为适宜，最适土壤pH值为5.5。

20. 德棱－号品种 系湖南省常德市蔬菜研究所选育，分枝和攀缘性弱，适于密植栽培。667平方米种植3 000株左右。最初花序着生节4～6节，可长果荚，适合春播和夏播，主蔓长 3 米,分枝 3～6 条侧蔓,荚果鲜嫩不易老化,呈淡绿色,肉质肥厚,采收适期长,荚呈扁平状。生长发育所需积温较低,早熟性状稳定。成熟种子深灰色,百粒重 26 克。667 平方米产嫩荚 1 500～2 000 千克,产嫩梢 100～300 千克。

21. 濮棱 008 号品种　是河南省濮阳农村致富研究学会从中国农业大学龙静宜副研究员赠送试种材料中的变异植株,经早熟改良定向诱导选育而成。

该品种长势强,蔓藤长 3～4.8 米,左旋缠绕生长,茎基分枝多,主蔓多长老荚,产量高,子蔓多长菜荚,有部分老荚。孙蔓次之,有 30%～70% 可长嫩荚,叶色绿色,卵圆形,三出复叶,对光照不敏感。耐阴性强,遮荫处理可提早 7～12 天开花。长期高温 38℃ 以上出现落花蕾现象,不能正常开花。6～7 月很少开花结荚。7 月下旬至 9 月份都可长蕾开花。花腋生蝶形总状花序,10 月中旬茎顶芽分化为花芽,单株在盛花期同时开放 122 朵。花为蓝色。5～12 天花谢后,柱头分化为幼荚明显可见,15～20 天幼荚可鲜炒食用。荚长 18～28 厘米。荚内有 8～18 粒种子。嫩荚鲜重 35～45 克。半月后长成干荚。干荚平均豆粒产量 3.8～4.5 克。单株产荚 45 个左右,单株结薯块 2～7 个,65% 四棱豆单株可结薯块 0.1～0.5 千克(当年生长量)。每 667 平方米产嫩荚 1 354.2 千克,产薯块 249.7 千克,干豆粒 114.7 千克。中后期生长茂盛,其种子没有休眠期。

22. 濮棱 998 号品种　系中国农村科技濮阳通联站在民间搜取株系经 7 年除劣筛选培育出的濮阳第一个当家四棱豆蔓生品种。经选育的株系比原来品种早熟 1 周。株型稳健。茎蔓粗壮,耐病、耐旱能力明显增强。荚为扁方形。

开花结荚盛期,正处于濮阳种植蔬菜的种类数量较少、质量较差的秋淡季节,是秋淡季采收嫩荚、嫩梢较适合的好品种。攀缘性及分枝性较弱,适合于大面积生产栽培,只需人字形竹竿或木杆搭架即可。667 平方米种 1 750～2 000 株。667 平方米产嫩荚 928.4 千克,干粒 129.4 千克。

23. 濮棱 1 号品种 系从国家蔬菜系统研究中心交换品系中选育的变异株,经濮阳农村致富研究学会定向选育而成。

属半攀缘性品种,茎蔓长 1.8～2.5 米。经过整枝和修剪可制作园艺作品,茎蔓降低到 1.8 米以下。经过化控精心管理,花在 5～10 厘米处叶茎处着生。其花大、花多,盛花期可同时开放百余朵。花为蓝色。花瓣 5 片,最上的一片旗瓣宽。花瓣长 1.5 厘米,花粒圆形。黄色,子房上位,瓶状具短柄,胚珠多数,花柱长而内弯,有髦毛。柱头扁球形,有致密茸毛,一般为自花授粉,花柱头一部分超过花萼从花中伸出,成了采花昆虫的传粉媒介。

开花 7～15 天花谢后初生幼荚,20 天即可食用。每 667 平方米产鲜荚 936.7 千克。荚长 10～20 厘米,宽 1.5～2.0 厘米。荚截面正方形。干荚多成弧形。单株可结荚 37～46 个,荚粒数在 5～14 个,在保护地温室大棚中可多年生长。茎根部根茎小,以嫩鲜叶食用为多。茎蔓大田收获量每 667 平方米在 5 000 千克左右,是我国目前园艺栽培不多见的品种。经济效益产值更高,可制作园艺作品,开发潜力很大,急需有这方面的专家去开发研究。

24. 南棱 1 号品种 系广西南宁市蔬菜研究所从广西南部搜集的四棱豆材料中选育的。

全生育期 260 天以上,每 667 平方米产鲜荚 1 500 千克,豆荚浅绿色,翼棱为平沿型边,极少缺刻,果荚较大,荚长 20～25 厘米,翼边向外展,形状美观,四方体。鲜荚青味淡,耐老化能力强,单荚较重,与本地栽培的品种相比,早熟性好,较脆,产量提高20%左右,而且品质明显改善。该品种在同期市场销售价格比绿色豆荚高30%以上。南棱1号浅蓝色花朵占整个种植群的99.7%左右。花期150~200天。

25. 南棱 2 号品种　系2002年2月广西南宁市蔬菜研究所选育出的品种。生长期240天以上。每667平方米产嫩荚1 300千克。白色花朵占整个种植群体的0.2%左右。所结的荚果浅绿色,整个边缘较有规律地形成小波浪,翼边中等宽,在四边体及扁方体中均可常见,荚长14~18厘米。与本地主栽的绿色豆荚品种相比,早熟性好,产量较高,比其他四棱豆售价高35%以上,而且包装运输方便。

26. 南棱 3 号品种　是广西南宁市蔬菜研究所2002年2月份进行选育整理出的品种。

生长期200天以上,每667平方米产鲜荚1 000千克左右。深紫色花朵。在第二次种植时发现该品种1株紫花植株,进一步筛选过程中陆续发现紫花植株。夏季播种的植株更易出现,发生率在0.05%~0.20%,所结荚果为全紫色,后代豆荚仍可保持深紫色。边缘缺刻明显,翼边较短,有1/3边缘为规则或不规则缺刻,边缘较尖,四方体及扁方体豆荚均有。荚长16~18厘米,口感较好,纤维少,作为特色蔬菜及观赏蔬菜,有良好的发展前景。

27. 南棱 4 号品种　系南宁市蔬菜研究所利用原始品种来源,对果荚、生物学特性、色泽进行筛选出的比较稳定的新品种。

荚果4个翼边,缘尖,翼边短,在扁方体四棱豆中多见,商品化生产时,包装方便,宽翼在运输途中容易受伤而影响其商品价值,其结荚率不如扁方体豆荚。

浅紫色花朵,豆荚为绿色荚紫色翼翅或绿荚带紫色斑点而形成杂色豆荚,但其后代性状难以保存,变异性大,这种现象出现在夏季播种的植株群体中,发生率为 0.04%～0.3%。

在夏季高温季节,选育品种及栽培最好在可以自由开张的遮阳网(遮阳网 65 目为宜)下进行,在强光下易出现结荚少、营养生长过旺现象,但如果长期在遮阳网下不开网见光,也会出现结荚差的现象。

28. 海南五指山品种　富含维生素及多种营养元素,具有降压、美容、助消化等食用和药用价值,被誉为"豆中之王""绿色金子"。海南省五指山市由于其气候、地理条件独特,栽种四棱豆幼嫩,色泽翠绿,纤维奇少,野味醇香,风味独特。五指山市开发五指山四棱豆项目已被列为国家级星火计划开发项目和海南省菜篮子工程重点建设项目。

茎蔓生,小叶卵圆形,花为白色或淡蓝色,荚长 15～31 厘米,豆荚呈带棱的长方四面体。667 平方米产鲜荚 1 500 千克。

29. 灵山品种　广西壮族自治区灵山县四棱豆种植历史悠久,目前面积近万亩。所种植的四棱豆豆荚大、肉厚而脆,十分适宜加工。其中腌酸四棱豆最为著名,畅销全国各地,与钦州黄瓜皮一样,是钦州别具特色的地方风味小吃。

30. 缅甸品种　抗逆性和抗病性强,喜温,便于管理。茎蔓生,分枝力强,嫩荚绿色,呈四棱形。

生产上应注意整枝打尖,促进有效分枝,去掉无效分枝。四棱豆属无限结荚习性,开花结荚期较长,属多次性收获作物。结荚期间,要注意施钾肥和培土,以利于块根生长。长江流域 4 月份可在保护地育苗,5 月中下旬定植;在低纬度热带地区,全年均可露地直播,行距 83 厘米,穴距 66 厘米,每穴留

2～3株,追肥2～3次,结荚期要重施肥。播种后90～100天进入嫩荚采收期,采收时间可达100～120天,平均每667平方米产1 300～1 500千克。注意:低温霜冻后繁育的种子虽然饱满,但发芽率极低,不宜作种!

31. K0000028(ups-31)品种 系中国农业科学院品种资源所从巴布亚新几内亚引进的国外品种。在广东省电白县种植鉴定,4月23日播种,11月8日成熟,全生育日数为191天,较晚熟。植株蔓生,分枝力强,无限结荚习性。株高2米以上,单株分枝6～10个,单株结荚18个,荚长18厘米,单荚粒数11.8粒,产量高,单株籽粒产量75克。花紫蓝色,籽粒黑色,近球形,粒大,百粒重45.2克,抗病毒病。适宜南方湖北、湖南、安徽、江苏、浙江、四川、广东、广西、云南等地发展。

32. K0000027(ups-59)品种 中国农业科学院品种资源所从巴布亚新几内亚引进的国外品种。也较晚熟,生育期同K0000028相近。紫蓝花,植株蔓生、略高,分枝多,无限结荚习性。产量高,单株籽粒产量74克。但粒色较浅,籽粒褐色,近球形,粒大,百粒重46克。抗病毒病。适宜南方各省发展。

33. K0000025(ups-112)品种 中国农业科学院品种资源所从巴布亚新几内亚引进的国外品种。较晚熟,生育期与K0000028相近。植株蔓生、分枝多,无限结荚习性。紫蓝花,产量高,单株籽粒产量76克。粒色黄褐,籽粒也较大,百粒重44.6克,该品种抗性最强,抗病毒病。适宜南方各省发展。

34. K0000029(ups-122)品种 中国农业科学院品种资源所从巴布亚新几内亚引进的国外品种。较晚熟,植株蔓生、分枝多,无限结荚习性。紫蓝花,粒色黑紫,近球形,籽粒大,百粒重 45 克,但生育期比 K0000025 早 15 天,单株产量也比 K0000025 低,单株籽粒产量 48 克,抗病毒病。适宜南方各省发展。

35. 金土四棱豆品种 是四川金土种业公司豆科专业科技人员利用现代农业高科技繁育而成的杂交一代优良豆类品种。在同一植株上种皮自然形成红、黑、黄、绿、褐、紫 6 种颜色。

属中熟品种,茎蔓生,分枝力强,每株有 68～75 个分枝,不宜密植。叶片深绿色,喜温,便于管理。其特点是结荚特别多,每株结荚 58～70 个。嫩荚嫩绿色,呈四棱形,棱角上有棱沟,具备独特的观赏价值。南方每年的惊蛰、春分、清明播种,北方在清明、谷雨、立夏等适当气候播种,每 667 平方米用种量 0.8～1.0 千克,穴距 85～100 厘米,栽 1 900～2 100 穴,每穴种 3～4 粒种子。荚长 18～25 厘米,单荚重 19～26 克,籽粒成豌豆形,采收时间长达 90～100 天,7～9 天采收 1 次嫩荚。产量根据土质肥瘦而定,平均每 667 平方米产嫩荚 1 300～1 500 千克,最高可达到 1 600 千克。

36. 铜仁翼豆 1 号品种 是贵州省铜仁职业技术学院育成的特早熟新品种。该品种是从早熟品种中优选早熟定向育成,耐寒、特早熟,适应性广。菜荚肉质肥厚,适收期长;植株长势较弱,株型紧凑,主蔓长 3 米左右,只有 3～6 条侧蔓,分枝和攀缘能力较弱。雌花、雄花显现早,开花早,结荚早,嫩荚可比一般品种早上市 30～50 天。适应性广,对光周期反应不敏感,生长发育所需积温较低,适宜全国各地种植,是早熟栽培、抢早抢价、菜粮皆宜、高效增收的好品种。

春播夏种的初花节位都稳定在 4～6 节,坐果超群,667 平方米收获嫩荚 1 500～2 000 千克,嫩梢 500～800 千克。以食嫩荚、嫩梢为主,兼收种子、块根等。嫩荚淡绿色,平均每荚种子数为 9.7 粒,成熟种子深灰色,百粒重 26 克。

37. 穗海品种 为豆科一年生或多年生缠绕草本植物。茎蔓生,缠绕生长,高达 3~4 米,绿色,分枝性强,侧枝多,枝叶繁茂。茎横断面近圆形。叶为三出复叶,互生,小叶呈阔卵形,全缘,顶端急尖。总状花序,腋生,一个花序上着花 2~10 朵,花较大,白色或淡紫色。荚果具 4 翼,波状边缘,横切面呈方形或长方形,绿色,老熟果呈深褐色。荚长 17~19 厘米,宽 2.0~3.5 厘米,内含种子 20 余粒,种子小球形,坚硬有光泽,种皮黄褐色,千粒重 260 克。叶、花、果均具观赏价值,尤其是果实。食用器官为嫩荚。为对日照不敏感的早熟品种,在广州 2~9 月份播种均可开花结果。果荚方形,长 17~19 厘米,单荚重 16 克左右。色泽嫩绿,品质爽脆,纤维少。喜暖湿润的气候,不耐霜冻。种子发芽适温 25℃ 左右,生长和开花结荚适温为 20℃~25℃,15℃ 以下和 35℃ 以上生长不良。四棱豆属短日照植物,在生长初期的 20~28 天时,用短日照处理能提早开花,生殖生长最适宜日照长度为 11~12 小时。一般晚熟品种,在长日照条件下营养生长旺盛而不能开花结果。四棱豆喜光照充足,光照弱则生长不良。根系发达,有一定的抗旱能力,但开花结荚期要求适度的湿润环境。忌水涝,注意排水。对土壤要求不严格,但在严重板结的土壤中生长不良,肥沃的土壤土中能获得高产和优质的产品。

最近还培育出一些新品种,与上述几十个品种大同小异,栽培时应结合实际,灵活运用。目前有濮棱 1 号、濮棱 6 号、1001 号、绿洲一号、通棱一号等品系都是蔓生搭架品种,枝叶生长快,长势强,耐肥水,耐贫瘠,不耐旱涝,一般虫害较少。这些品种推广面积大,实施技术较成熟。

二、矮生直立四棱豆

1. 桂矮品种　广西农业大学从蔓生四棱豆品系 Kus-8 选育的自然突变体 Kus-101 品系,是经济性状好而又不用支架栽培的矮生品种。2004 年通过广西壮族自治区农作物品种审定(桂审菜 2004003 号)。

分枝能力强,植株丛生状,主蔓生长 11～13 片真叶后,其顶芽即分化为花芽而自行封顶,主蔓长 80 厘米,主蔓的第一至第九节节间极短,只占主蔓的 1/4 左右,于主蔓生长出 3～4 片叶后,孙蔓生长出 1～3 片叶后,其顶芽分化出花芽而自行封顶。主蔓、子蔓和孙蔓各节都可开花,结荚主要集中在主蔓第七节以下,嫩荚绿带微黄色,断面呈正方形,单株结荚数 40 个左右。须根能大量着生根瘤,根系能膨大成肥大的根块。每 667 平方米产嫩荚 1 102.5 千克,产块根 95 千克,产干粒 247 千克。每 667 平方米栽培 1 500～2 000 株。每 667 平方米用种量 0.5～0.75 千克。南方播种期在 5～7 月,8～9 月始收,收获期 10～12 月。北方 3～5 月播种或育苗,8～9 月始收鲜荚,10 月下旬至 11 月上旬收获种子。桂矮品种四棱豆营养含量见表 1-19。

表 1-19　桂矮品种四棱豆营养含量　(%)

营养物质	嫩　荚	成熟种子	块　根
蛋白质	2.15	35.43	10.21
18 种氨基酸总含量	1.22	30.26	
碳水化合物含量	5.10		25.00

注:桂矮 1 号营养含量数据摘自《豆类蔬菜栽培技术》,1999 年

2. 矮生 96—14—1 品种　是中国农业科学院品种资源所从国际热带农业所(IITA)引入晚熟四棱豆 TPT$_{22}$ 变异中

选育出的矮生单株选系,经多年选育的优良四棱豆新品种。四川省师范学院生物系和中国农业科学院品种资源研究所共同鉴定。不需要搭架,叶色浅绿色,嫩荚为绿色,有 4 个翼翅,种子似圆球形,棕黄色。平均单荚长 18 厘米,重约 34 克,单株可结荚 14 个,单株产鲜荚 340 克,干籽粒 13.2 克,鲜块根单株产 26 克,鲜茎叶株产 65 克。该品种每 667 平方米产鲜荚 850 千克,产干籽粒 33.3 千克,产鲜块根 65.3 千克,产鲜茎叶 163 千克。该品种 4 月上旬至 5 月播种,7 月上旬至 10 月下旬采收嫩荚,生育期 195～200 天,具有抗病性强、适应性广、丛生直立型不需用搭架等特点,适应北纬 35°以南地区种植和发展。最好试种北纬 35°以北地区的种植和探索栽培技术。生育期与 K0000030(96—13)相近。

3. 濮棱 2000 矮生品种　是中国农业大学农学系选育的品种中,经濮阳农村致富研究学会定向诱变培育而成的品种。是该地第一个矮生无架直立四棱豆品种。

4 月种植,苗期 75 天,8 月上中旬现蕾开花,9～10 月为鲜荚采收期(也是花荚盛长期)。10 月下旬至 11 月上旬全部收完。

8 月下旬主茎分化花芽自行封顶,主蔓长 50～75 厘米,子蔓和孙蔓分化花芽长成花蕾。花蕾蓝色,茎蔓节间遇雨水和湿度大时,多生长气根,可结根瘤。主茎长第一次分枝,以后一部分腋芽转化为花芽,其分枝数有所减少,第二、第三枝大量分枝时,其他分枝也迅速猛增,始花期出现花蕾现象,此时养分消耗量大。如在生产上不去掉无效分枝,结荚少而小,普遍存在落花现象和结荚率下降,不能促进有效分枝开花、结荚。

花为蝶形总状花序,每个花序 3～11 朵,单株开花盛期同时可开 30～70 朵,阴天高温有落花现象。单株可结 27～35 个荚。单荚内含种子 5～15 个,似圆球形,棕褐色,百粒重 29 克左右。成熟荚占全结荚的 1/3。嫩荚翼翅为黄绿色、有皱边,荚面为浅黄色,荚果截面呈菱形似杨桃,有一对裂片合抱。荚长 8～18 厘米,种子荚间有横隔,嫩荚肉厚,爽脆多汁。每 667 平方米产嫩荚 1 123.4 千克,产嫩叶 49.5 千克,茎叶收获物每 667 平方米可达 3 104.3 千克。苗期 35 天时可出现不规则的球体形固氮根瘤,单株经试验测算平均为 187～358 个根瘤,最多可达 684 个,根瘤固氮数量的多少跟土壤、气候、管理有非常大的关系。四棱豆蛋白质的含量高,归因于根瘤固氮作用。根薯呈纺锤形,单株结薯块 2～6 个,有 50%～80% 的植株都可以长薯块。667 平方米种植密度以 1 800～2 500 株为宜,北方以保护地早种育苗,移栽在本地露地,断霜后移栽大田中生长。

其与濮棱矮丰 7 号、濮棱 099、桂矮 2 号等品种有相近的生物学特性。

矮生型品种京矮品系,匍匐型呈丛状生长,有方荚和扁荚。匍匐在地上的茎蔓,其节和节间都能生长不定根,兼有节和皮孔两种生根能力。其根上也能形成根瘤和块根。其茎节可插条栽培,有限生长,适合间作套种。

最近对以上品种的最新研究成果,可直接登陆 www.silengdou.com/cn/net 中华(国)四棱豆网,或 www.sqsld.cn 四棱豆网。四棱豆技术咨询热线:13030312316。

第二章　四棱豆用途

随着人们生活水平的提高,消费者对饮食结构调整有新的要求,追求食品的"精""奇""特"等。特菜新品种四棱豆正好符合人们这一需求,其地上结荚,地下长薯,叶、花、茎、荚、根均可食用。荚做菜爽脆多汁,与鱼、肉同炒,鲜美可口,也可制作冷盘或泡菜;叶、花味香甜,可做汤或炒食,嫩荚除鲜食外,还可加工成罐头;成熟干荚内的种子可油炸或爆炒,辛香脆美,榨出的油可用于食品、照明等行业;肉质块根中的蛋白质含量丰富,是甘薯的4~5倍,马铃薯的8~10倍,木薯的20倍,营养含量居世界块根薯茎作物之首。根薯煮烤均可食用;茎秆粉碎后,可做禽、畜、鱼的优质精饲料;其花大、艳丽、形似蝴蝶,令人赏心悦目,既可食用又可作园艺花卉观赏,美化环境,风格独特。据测定,1千克四棱豆粒、叶、嫩荚和块根的蛋白质含量相当于2.4千克、0.84千克、0.22千克、0.51千克猪肉的蛋白质含量。所含17种氨基酸含量比一般蔬菜高。它的叶、根、茎、荚和种子均可以入药,对冠心病、动脉粥样硬化、脑血管硬化、不孕不育症、习惯性流产、口腔炎、眼疾及泌尿系统的19种疾病有良好的食疗效果,具有健胃、消炎、益智、养颜、益肾、清热、化瘀、消肿之功效,已列入《新华本草纲目》《辞海》《中药药名辞典》《中国大百科全书》,被国际四棱豆研究协会誉为"豆科之王""绿色金子""神奇植物",是21世纪的健康美食,是具有很大开发潜力的豆类作物。

第一节　营养价值

据有关资料报道,国际卫生组织在全球调查"人类健康与疾病"课题时,非洲利比亚地区的土著族人由于有常食此豆的习惯,体力、智力、寿命和耐力大大高于其他地区的人,而且很少有人生病,更难发现有癌症患者,这引起了各国营养学家和医学界的高度重视和关注。

四棱豆全株都是宝,其蛋白质、氨基酸、维生素和无机盐的含量雄居豆类作物之冠。四棱豆种子的蛋白质与脂肪,不论是品质和数量,都可以与大豆相媲美,因此被誉为"热带大豆",参见表 2-1。

表 2-1 四棱豆不同部位营养成分 (每 100 克含量)

营养成分	成熟的种子	块 根	嫩 荚	叶	花	大 豆
水 分	8.5～14 克	51.3～67.8 克	75.9～92 克	85 克	84.2 克	10.2 克
粗蛋白质	26～45 克	4.7～20 克	1.9～2.9 克	5 克	5.6 克	36.3 克
脂 肪	16～28 克	0.1～0.4 克	0.1 克	0.5 克	0.9 克	18.4 克
碳水化合物	31.2～36.5 克	27～31 克	3.1～7.9 克	8.5 克	3.0 克	25.5 克
纤维素	5.0～6.7 克	1.5～1.6 克	1.9 克	4.1 克	—	4.8 克
灰 分	4.1 克	0.9～1.7 克	0.4～1.9 克	1 克	—	—
热 量	1693 千焦	20 千焦	140 千焦	196 千焦	—	—
胡萝卜素	3～6.48 毫克	4.5～64.2 毫克	340～395 毫克	660 毫克	8.4 毫克	—
维生素 E	100 毫克	—	0.01 毫克	29 毫克	—	21.0 毫克
维生素 B_1	1.3～1.7 毫克	0.17 毫克	0.2 毫克	0.28 毫克	0.25 毫克	—
维生素 B_2	0.18～0.41 毫克	0.06～0.1 毫克	0.08～0.12 毫克	0.08 毫克	0.07 毫克	—
维生素 B_6	0.28 毫克	—	0.02～0.24 毫克	—	—	0.8 毫克
叶 酸	25.6 毫克	—	1.2 毫克	—	—	210 毫克

营养成分	成熟的种子	块 根	嫩 荚	叶	花	大 豆
维生素 C	0.7～10 毫克	26.2～28 毫克	20～31 毫克	36 毫克	15 毫克	—
钾	370～1220 毫克	550 毫克	205 毫克	—	—	1503 毫克
钠	25～64 毫克	33 毫克	3～5 毫克	5.6 毫克	3.0 毫克	2.2 毫克
钙	80 毫克	2.5 毫克	53～236 毫克	134 毫克	—	367 毫克
镁	220～255 毫克	33 毫克	26 毫克	48 毫克	230 毫克	199 毫克
磷	200 毫克	30 毫克	26～60 毫克	81 毫克	54.0 毫克	571 毫克
铁	20 毫克	0.5～3.8 毫克	0.2～12 毫克	176.2 毫克（干）16.2 毫克(鲜)	2.7 毫克	11 克
锰	3.9～25 毫克	10 毫克	5～10 毫克	12.0 毫克	4 毫克	2.26 毫克
锌	3.1～3.8 毫克	1.3 毫克	0.8～1.3 毫克	1.1 毫克	0.5 毫克	3.34 毫克
铜	1.3～1.6 毫克	—	0.05 毫克	—	—	1.35 毫克

注：《中国食用豆类学》1995 年,《特菜栽培技术》《特种蔬菜保健食谱》《新编特色蔬菜瓜类栽培技术》《8 种特种豆类栽培技术》《中国大百科全书（农业卷Ⅱ）》等数据组成总结

一、蛋 白 质

蛋白质是生命活动的基础,是构成人体中组织细胞的基本成分,是人体生命与健康不可缺少的组成物质。成年人每天每千克体重消耗 1.5 克蛋白质,儿童需要量更多些（表 2-2)。正常人每日膳食蛋白质营养需要量,在现今世界人类消耗蛋白质中,植物蛋白质占 2/3 以上,而豆类作物蛋白质则是植物蛋白质的重要来源。

表 2-2　正常人每日膳食中蛋白质、维生素
及矿物质需要量(RDA)

年龄段	蛋白质（克）	维生素A（单位）	胡萝卜素(毫克)	维生素E(毫克)	维生素C(毫克)	硫胺素（毫克）	核黄素（毫克）
成年男性	75～90	2200	4.0	10	75	1.3	1.3～1.8
成年女性	70～85	2200	4.0	10	70	1.3	1.2～1.7
男青少年	80～90	\	4.0	\	\	\	1.3～1.5
女青少年	75～80	\	4.0	\	\	\	1.3～1.4
儿童	40～70	\	2～4	\	\	\	0.6～1.2

年龄段	烟酸（毫克）	钙（毫克）	铁（毫克）	锌（毫克）	硒（微克）	碘（微克）
成年男性	1.4	600	12	18	50	150
成年女性	14	600	12	18	50	150
男青少年	\	1000～1200	15～16	\	3300～3900	80～90
女青少年	\	1000～1200	15	\	2200	75
儿童	\	600～800	6～12	\	1100～2200	30～75

注：根据杜冠华、李学军主编《维生素及矿物质白皮书》(2002 年百姓出版社)

　　四棱豆种子、块根、嫩荚、嫩叶、花均富含蛋白质。种子蛋白质含量一般为 32.4%～41.9%，平均含量为 35%。氨基酸组成平衡，其中特别是人体的 8～10 种必需氨基酸的含量也很高，超过大豆的含量(表 2-3)。

表 2-3　四棱豆植株各部位氨基酸的含量 （克/100 克蛋白质）

氨基酸	成熟种子	鲜块根	嫩荚	叶	大豆成熟的种子
天门冬氨酸	6.9～11.6	9.5～11.3	12.18	8.59～10.42	8.3
苏氨酸	3.9～4.3	3.1～4.4	3.70	3.96～4.8	3.9
丝氨酸	4.6～4.9	2.7～6.4	4.2	4.22～5.97	5.6
谷氨酸	14.99	6.5～9.9	11.28	11.52～14.76	18.5
脯氨酸	4.5～6.9	1.7～6.1	5.26	5.20～7.12	5.4
甘氨酸	3.7～4.4	2.2～4.7	4.01	3.49～5.93	3.8
丙氨酸	2.4～4.3	1.8～5.1	4.42	4.16～6.45	4.5
胱氨酸	1.4～1.6	0.0～2.6	1.93	0.67～1.35	1.2
缬氨酸	4.9	2.4～6.7	5.11	6.10～6.44	5.2
蛋氨酸	0.9～1.5	0.2～0.5	2.43	1.63～1.9	1.1
异亮氨酸	4.6～4.9	2.7～4.3	4.25	5.33～5.51	5.8
亮氨酸	8.3～9.0	3.7～7.4	6.88	9.48～9.52	7.6
酪氨酸	2.6～4.7	1.2～4.3	3.89	4.66～4.74	3.2
苯丙氨酸	3.8～5.8	1.7～3.9	4.54	4.7～6.62	4.8
赖氨酸	7.8～8.0	5.2～5.6	6.66	2.59～4.67	6.6
组氨酸	2.8～3.0	1.9～2.5	3.17	1.26～2.26	2.5
色氨酸	0.94	1.1	0.95	0.93	1.2
精氨酸	6.5～7.5	2.4～4.3	6.21	3.28～4.11	7.0

注：资料引自《中国食用豆类学》，1995 年

四棱豆强化面包与鸡蛋面包必需氨基酸含量的比较，见表 2-4。

表 2-4　四棱豆强化面包与鸡蛋面包必需氨基酸含量比较　（%）

氨基酸	鸡蛋面包	四棱豆强化面包
赖氨酸	2.14	2.67
苏氨酸	2.28	2.7
缬氨酸	5.46	5.85
蛋氨酸	2.59	2.09
亮氨酸	8.65	9.11
异亮氨酸	4.68	2.97
苯丙氨酸	6.29	6.69
磺基丙氨酸	1.41	2.21
蛋白质含量	13.05	13.17

注：引自黄斌(1995)报道

　　据研究，四棱豆与禾谷作物的氨基酸存在互补关系，可用富含氨基酸的四棱豆作为食品的强化剂，以提高蛋白质的营养价值。湖南省郴州市刘俊松等试验表明，四棱豆先经过脱壳，榨出 8% 油脂，粉碎过筛的豆粉可强化面包（添加 5% 的四棱豆粉）。试验结果与添加 3% 的鸡蛋甜面包比较，其蛋白质及必需氨基酸含量相近，存储 1 周后测定，四棱豆强化面包的色、香仍无变化，含水量为 24.97%，而鸡蛋面包已老化变硬，有酸味，含水量为 20.69%。此外，还试验研究了四棱豆强化面条、米粉、饼干等保健食品，很受群众欢迎。Nmorh 对四棱豆与黑小麦及小麦进行营养强化改良试验认为，用 15%～20% 的脱脂豆粉或 10%～15% 的全脂四棱豆粉强化，氨基酸平衡最佳，蛋白质营养价值也很好。

　　四棱豆嫩荚也富含 8 种氨基酸，超过大豆的含量。据报道,人体中有 10 种必需氨基酸,即赖氨酸、蛋氨酸、苏氨酸、异亮氨酸、亮氨酸、缬氨酸、苯丙氨酸、色氨酸、精氨酸、组氨酸。其中 2 种儿童的必需氨基酸(精氨酸、组氨酸),人体不能自己合成,只能靠食物中的氨基酸进行补充,四棱豆每克蛋白质中赖氨酸含量和质量都在 40 毫克以上,构成机体、修补组织、供给能量和调节生理功能。黄斌(1995)报道,用四棱豆强化面包在湖南省郴州市一所小学的 120 名小学生中进行了为期 4 个月的观察试验,结果表明:每天课间吃一个强化面包 100 克添加 5％的四棱豆粉的儿童,比对照平均身高增加 0.28 (男生)～0.7(女生)厘米,体重增加 0.03(男生)～0.53(女生)千克。

二、脂　肪

四棱豆种子含脂肪 16％～28％,其中不饱和脂肪酸近 80％,与大豆含量相似。脂肪酸含量为:肉豆蔻酸 8.9％,棕榈酸 9.7％,棕榈烯酸 0.83％,硬脂酸 5.7％～5.9％,油酸 32.3％～39.0％,亚油酸 27.2％～27.8％,亚麻酸 1.1％～2.0％,十八碳四烯酸 2.5％,花生酸 2.0％(表 2-5)。四棱豆根薯含脂肪 0.1％～0.4％,嫩荚脂肪含量 0.2％～0.3％,叶脂肪含量 1.1％,花脂肪含量 0.9％。四棱豆油分的另一个特点是维生素 E 含量高。据分析,一般四棱豆品种干籽榨出油脂含维生素 E 达 23～44 毫克/100 克,有的品种榨出的油脂含维生素 E 高达 130 毫克/100 克。四棱豆油耐贮藏,没有大豆油的豆腥味,所含的维生素 E 具有防衰老、抗氧化、调节人体过氧化物的产生,保护内脏器官,滋润皮肤的作用,同时每克脂肪氧化可产生 9 千卡的热量,是蛋白质和糖类产生热量的 2 倍多,油脂所溶解的脂溶性维生素,可以被人体充分吸收利用。

表 2-5　四棱豆脂肪组成　（%）

不饱和脂肪酸		饱和脂肪酸	
组　成	含　量	组　成	含　量
油　酸	32.31～39.0	肉豆蔻酸	8.9
棕榈烯酸	0.83	棕榈酸	9.7
亚油酸	27.2～27.8	硬脂酸	5.7～5.9
亚麻酸	1.1～2.0	花生酸	2.0

注：摘自《食用豆类加工与利用》，2001 年

　　四棱豆中的蛋白质和脂肪一般无副作用，许多动物蛋白质和脂肪营养虽好，但食用过多易引起动脉粥样硬化、高血压、冠心病等疾病。四棱豆以高蛋白、优质脂肪而受到国内外营养学者和医学界及食客们的重视，成为一种新型的优质豆类蔬菜作物。

三、碳水化合物

　　碳水化合物也称糖类，是一些含碳、氢、氧的物质，包括常见的葡萄糖、果糖、蔗糖、淀粉等。糖类易于氧化，在人体中分解为葡萄糖，能迅速供给人体热能。每克碳水化合物可释放 4 千卡热量，是身体热能的最主要来源。神经组织、细胞体液等身体器官都含有糖，可辅助脂肪的氧化，帮助肝脏解毒，促进生长发育。

　　四棱豆种子、花、叶、茎蔓、根薯都含有碳水化合物，种子碳水化合物含量达 25.2～32 克/100 克，块根碳水化合物含量 27.2～30.5 克/100 克，嫩荚含碳水化合物达 3.1～3.8 克/100 克，叶的碳水化合物达 3.0 克/100 克，花含碳水化合物 3.0 克/100 克，藤蔓含碳水化合物达 7.9 克/100 克，块薯含量高达 57.72 克/100 克，种子最高含量可达 42.2 克/100 克。

四、β 胡萝卜素与维生素 A

早在 1 000 多年前,唐朝的孙思邈在医书《千金方》中记载,动物肝脏有治眼病和夜盲症等功效。这是世界医学史上最早关于维生素 A 能治眼病的文字记录。

1920 年,英国科学家曼俄特将其正式命名为维生素 A,1967 年,美国哈特兰等 3 人因发现维生素 A 治疗眼病的化学过程而获得诺贝尔奖。

维生素 A 缺乏是世界卫生组织确认的四大营养缺乏病之一。每年导致 100 万～250 万人死亡,50 万人失明,1 000 万人患眼病。全球 2.5 亿儿童处于维生素 A 缺乏状态。联合国儿童基金会执行主任卡贝尔·贝拉米于 2001 年 2 月 12 日称,联合国发起的发放维生素 A 药丸的运动已挽救了百万幼童的生命。

四棱豆鲜荚 β 胡萝卜素含量 69～130 毫克/100 克,维生素 A 含量 660 毫克/100 克,特别适合戴隐形眼镜者,经常在电脑、电视旁工作的文职人员及眼睛不适者食用,是中国人急需补充的营养。

中国营养学会认为,全国人均每天摄入的 476 微克中,只有 157 微克维生素 A,剩余 319 微克是靠 β 胡萝卜素转化而来的。《北京青年报》(2001 年 6 月 2 日)报道,由首都儿科研究所牵头进行的中国儿童维生素 A 缺乏情况调查报告表明:中国为中度儿童维生素 A 缺乏国家,缺乏程度仅次于钙和维生素 B_2,排名第三。

β 胡萝卜素能在维生素 A 不足时,经过肝脏转化成维生素 A。在抗氧化、抗衰老方面,与维生素 C、维生素 E 被称为"三剑客"。如果三种搭配补充,在清除自由基、美白皮肤、增加免疫力等方面效果十分显著。一项研究结果表明,即使是吸烟者,只要血液中的 β 胡萝卜素浓度较高,其肺癌发病率将会控制到很低状态。离不开香烟的人,千万要记住:要和维生素 C、维生素 E 和 β 胡萝卜素交朋友。

五、维生素 E

1938 年,瑞士化学家卡拉对其成功进行人工合成,由于其对生殖能力的效果显著,命名为生育酚,即维生素 E。早在 1960 年,美国和英国的几个研究所发现一个奇特的现象:人体正常细胞在体外培养,一般分裂 60～70 代就衰老直至死亡;如果在培养液中加入维生素 E,细胞分裂 120～140 代后才衰老死亡,加入维生素 E 的人体细胞寿命翻了一番。

维生素 E 怕光、怕冻、怕氧,可承受 200℃ 高温,能滋润皮肤,清除色斑,提高免疫力,增强抗病能力,使老年斑变淡,是最重要的自由基清除剂,能阻止脂质过氧化作用;抑制不饱和脂肪酸的脂褐素在皮肤上沉着,使皮肤保持白皙。

维生素 E 使男子体内雄性激素提高,增加精子活力和数量;使女子雌性激素增加,提高生育能力。习惯性流产的妇女服用维生素 E 有 97.5％ 生出健康婴儿。服用维生素 E 对更年期中老年人具有促进毛细血管增长,改善微循环,减少动脉脂类过氧化物,降低血液的黏稠度,保护细胞膜不受过氧化脂质的损伤等功效。联合国卫生组织的 MONICA 调查结果表明,欧洲北部与地中海国家的人心血管疾病发病率相差 7 倍,有 62％ 的原因是维生素 E 摄入水平的差异。

当维生素 E 充足时,对肝脏有解毒功能,如消解漂白剂、杀虫剂、化肥及其他环境的污染等。缺少维生素 E 则肝脏受损,还能出现情绪躁动不安,身体水肿,头发分叉,性能力低下,不育症,皮肤有色斑。

四棱豆榨出的油脂,每百克含维生素 E 高达 23～44 毫克,最高含量可达 130 毫克。四棱豆含维生素 E 每百克为 2.28 毫克。

中国预防医学院营养与食品卫生研究所研究明确表示,如果真的要用维生素 E 来养颜、抗衰老,药量保持每天不超过 100 毫克,超过服用量就会出现副作用。补充维生素 E 可与维生素 C、硒一起联用保护维生素 E 不被氧化,相辅相成发挥潜能。每天可补充 1～2 次,急需补充人群,以吃西餐为主食的人、营养不良的人、肝脏病患者、肠胃切除手术患者和长期饮酒的人可适当补充。儿童青少年不宜补充,成年人可适当补充。

摄入维生素 E 过量会产生腹痛、腹泻、头晕、恶心、乳房胀大,儿童、青少年会出现性早熟。

六、维生素 C

1928 年匈牙利化学家乔尔吉成功地从柠檬中分离出这一关键物质,命名为抗坏血酸,即维生素 C。乔尔吉因此获得诺贝尔奖。维生素 C 溶于水,呈酸性,无色结晶体,怕光、怕热。

四棱豆嫩荚维生素 C 每百克含量为 21～37 毫克,叶每百克含维生素 C 14.5～29 毫克,豆籽干粒每百克含维生素 C 0.7 毫克。补充维生素 C 最好与维生素 A、维生素 E、β 胡萝卜素搭配食用,可以减少营养丢失,不被氧化。四棱豆绿叶蔬菜采摘 2 小时后,维生素 C 损失 5%～18%,10 小时后损失 38%～66%;一般利用率约 50%,在体内停留 4 小时。所以每天至少补充 2 次。中国营养学会修订国家标准补充维生素 C 为 100 毫克/100 天。

维生素 C 生产出的胶原蛋白占人体内蛋白质总量的 1/3,将人体内亿万个细胞黏合起来形成人体皮肤、血管壁、软骨等组织,富有弹性,胶原蛋白包围组织形成保护,避免病毒入侵。缺乏维生素 C 时,血管、皮肤、软骨失去弹性,变脆,易断裂。色素颗粒逐渐增加,使皮肤颜色变深,软骨易磨损导致关节炎。使伤口愈合的结痂也是由胶原蛋白组成,维生素 C 缺乏时,伤口结痂能力弱,愈合慢;还导致牙齿出血,长色斑和痣,流鼻血,伤口难愈合,关节痛,易感冒。

当细菌、病毒侵入人体内时,消灭"侵略者"的主角是白细胞,维生素 C 能增强白细胞的"作战能力"。被医学界证实:维生素 C 可防治结核、肺炎、感冒、前列腺炎、肝炎、癌症、冠心病、血管粥样硬化、脑血管硬化等病。需注意的是,四棱豆蔬菜随吃随摘随做,可减少维生素 C 的营养损失。

七、维生素 B$_1$

1929 年,爱克曼因发现维生素 B$_1$,被授予诺贝尔医学奖。维生素 B$_1$ 的功能只有一个:一种酶,使淀粉等糖类转化成能量,人每天摄入的营养中糖类所占的比重最大,米糠、大米和麸皮中维生素 B$_1$ 含量最高。

缺乏维生素 B$_1$ 表现症状:易疲劳,情绪低落,记忆力差,神经易产生病变,精神和目光出现呆滞,肌肉无力,心搏异常,易发生脚气病,厌食,体重下降,精神错乱。

我国人均日摄入量为 1.2 毫克,离标准要求差 11.3%,我国儿童、青少年普遍缺乏,成人缺乏情况并不严重。但近年来随着精米(为了美观,将大米的表皮进行打磨)的广泛食用,在城市中维生素 B$_1$ 缺乏有扩大之势,尤其在南方。

四棱豆干粒含维生素 B$_1$ 每百克含量为 1.7 毫克,嫩荚每百克含维生素 B$_1$ 为 0.06～0.24 毫克,叶每百克中维生素 B$_1$ 含量为 0.28 毫克。

补充维生素 B$_1$ 可与维生素 B$_6$、维生素 B$_2$、维生素 E 和铁同时进补,效果最好。四棱豆食用时可直接食用豆、叶、荚,因为含有维生素 B_6、维生素 B_2、维生素 E 和铁元素。维生素 B_1 食用后,在人体内停留仅有 3~6 小时,每天补充效果最好。维生素 B_1∶B_2∶B_6=1∶1∶1 是最佳科学配比。

八、维生素 B_2

1933 年,美国科学家哥尔培格才从 1 000 升牛奶中得到 0.018 克,这种黄色的物质,被命名为核黄素,即维生素 B_2,可承受 400℃的高温。

我国居民缺乏维生素 B_2 十分严重,据全国调查结果,我国居民人均摄入量仅为 0.8 毫克/天,低于标准量的 1.3 毫克/天,儿童、青少年、妇女和老人是维生素 B_2 缺乏的主要人群。中国人群的主食主要以禾谷类为主,专家建议中国人每天应补充 1 毫克的维生素 B_2。

缺乏维生素 B_2 时,皮肤脱皮发痒,口腔发炎,嘴角干裂,眼睛发红,流泪、怕光,精力不济,舌头发红。不常吃肉奶者、慢性肝炎、动脉硬化、减肥者急需补充维生素 B_2。日本中川嘉雄教授的《维他命的效用与疗法》一书中记载:维生素 B_2 是分解过氧化脂有效的酶之一,通过分解血管内壁上的过氧化脂,可保护血管,预防动脉硬化。

四棱豆干种子每百克含维生素 B_2 为 0.18~0.38 毫克,嫩荚每百克含维生素 B_2 为 0.08~0.12 毫克,薯块每百克含维生素 B_2 为 0.1 毫克以上,还含有维生素 C、维生素 B_1、铁,都是与维生素 B_2 同时进补的黄金搭档。

九、维生素 B_6

维生素 B_6(吡哆醛)是一个很有"合作精神"的维生素,与维生素 B_1、维生素 B_2 合作共同完成食物的消化分解,对皮肤有益处,它与铁同食防治贫血。人体内 60 多种酶需要它的支持,将未分解的食物产生的毒素充分分解,被称为"解毒维生素"。维生素 B_6 对调节脂肪酸的合成,抑制皮脂分泌,刺激毛发生长有重要作用。

我国人群维生素 B_6 缺乏的发生率相当高,特别是老年人。中国营养学家建议:每人每天补充维生素 B_6 1 毫克,抽烟者、更年期者、糖尿病患者、食肉较多的人、经期将要来临的女性特别缺乏维生素 B_6,为急需补充人群。维生素 B_6 在人体内仅停留 8 小时,故需每天补充效果最好。

四棱豆每百克种子含维生素 B_6 0.25 毫克,嫩荚每百克含维生素 B_6 为 0.06～0.24 毫克,是目前含维生素 B_6 较多的作物之一。

美国科学家进行了一项不人道的试验:在美国爱荷华州立监狱,对囚犯进行人体试验,使囚犯食物中不含有维生素 B_6,一个星期后,囚犯们开始头痛,严重口臭、暴躁、注意力不集中,还有腹痛,不久生殖器周围发痒。然后,每个人都出现贫血、呕吐、头皮屑多等症状,免疫力大幅度下降。

十、叶　酸

叶酸是细胞分裂、生长不可缺乏的维生素,是一种重要的 B 族维生素,最初是于 20 世纪 40 年代从菠菜中分离提取而得名的,近年来,深受爱美女士的青睐。《中国居民膳食营养素参考摄入量》国家标准 2000RNI/AI 标准推荐,成年女性每天需要量为 400 微克,但中国女士正常饮食摄入量仅为 200 微克/天,不能达到正常美白肌肤的需要。专家建议,成年女性每天补充 200 微克。叶酸不足时成年人出现消化器官病变,造成血细胞生长不足,导致贫血,细胞再生能力受阻;孕妇易造成胎儿先天缺陷,甚至流产。

四棱豆干种子每百克含叶酸为 25.6 微克,嫩荚每百克含叶酸 40.2～57.85 微克。叶酸是制造红细胞的主要原料,帮助胎儿发育,降低血中同型胱氨酸浓度,缓解其对血管的毒性。大量文献证明,叶酸对增进皮肤发育有一定效果。

十一、纤 维 素

四棱豆种子每百克含纤维素 5.0～6.7 克。嫩荚每百克纤维素为 0.8～2.6 克,块薯百克含纤维素为 1.5～1.6 克。半纤维素和纤维素是构成蔬菜的主要成分。四棱豆品质与纤维素的含量多少有很大关系。含量越少,品质越好。幼荚和菜荚脆嫩、易断;花后 25～45 天,荚皮和豆粒逐渐变硬,纤维素含量较高,粗纤维形成革质化,丧失鲜食的品质,豆荚豆胚发育成熟。50～70 天纤维素含量较高,块薯收刨后纤维素含量低,可以食用,刨后贮存氧化后纤维素含量最高。纤维素虽然不能为人体所吸收,但它能刺激胃肠蠕动,有助于食物消化。

四棱豆膳食纤维包括纤维素、半纤维素、果胶等物质,将通过食物进入体内的有毒物质及时排出体外,缩短有毒物质在肠道内滞留时间并减少肠道对有毒物质的吸收。同时,它们像把刷子清除粘在肠壁上的有毒物质和有害细菌,使大肠内壁形成光滑的薄膜,有利于食物残渣快速通畅地排出体外。

十二、钙 元 素

缺钙是世界卫生组织确认的世界四大营养缺乏症之一。

钙是人体不可缺少的营养元素之一。1842 年,瑞士医学家乔沙特在动物饲料中加入少量的碳酸钙,发现它可以治疗动物骨骼发育不良。人体内 99% 的钙存在于骨骼和牙齿中,是人体钙的"大仓库"。当血液中钙的浓度不足时,身体血液会从骨骼中携取钙元素保持钙浓度正常。成年人每日需钙元素 600 毫克,青少年每日需钙元素 1 000～1 200 毫克,儿童日吸收钙元素在 600～800 毫克,如果长期得不到钙元素的补充,体内骨骼和牙齿的钙质含量将下降,会出现骨质疏松、牙齿松动、肌肉痉挛、腿抽筋、头发稀疏、儿童盗汗和患佝偻病。

2002 年营养调查显示,我国居民钙质摄入量普遍严重偏低,每人摄入量日均仅为 405 毫克,仅占每日每人推荐量的 49.2%。据统计,我国有 8 000 万骨质疏松病人,居世界第一位。在老年人中,女性骨质疏松的发生率是男性的 4 倍。专家们再次呼吁,应重视缺钙问题。食用含磷食物多,在体内生成磷酸钙,导致钙的丢失而产生缺钙。

四棱豆种子钙元素百克含量 215～360 毫克,嫩荚每百克含钙量 53～236 毫克,叶百克含钙量 113～260 毫克,块根(薯块)百克含钙量 25 毫克,茎叶也富含钙元素。食用四棱豆种子、叶、薯块和嫩荚,对预防儿童营养不良症及佝偻病有良好效果。

十三、铁 元 素

缺铁性贫血是世界卫生组织确认的世界四大营养缺乏症之一。早在 18 世纪,Menghini 用磁铁吸附干燥血中的颗粒,注意到血液中含有铁。全国营养调查时,除调查饮食外,还抽样 10 万人测定血红蛋白,结果发现贫血问题相当严重,城市有 23.5%,农村有 20.2% 的人贫血,主要集中在女性和儿童及青少年发育快的人群。

女性经期每天平均流失 0.56 毫克珍贵的铁元素,加上每天从皮肤、尿液中正常流失的 0.80 毫克,每天共损失 1.36 毫克,每月共损失几十毫克,这不是个小数目。膳食中的铁的生物利用率仅为 6%,需要摄入适量含铁丰富的食物,才能填补月经造成的铁的流失。

青少年生长发育快,饮食不当,没有及时补充含铁元素的食物,导致贫血,常食冰冷饮料也会导致贫血。

如果人体缺铁导致大贫血时,症状表现为面无血色、人体缺氧、心悸、呼吸不畅、头晕、注意力不集中、食欲下降和维持机体免疫能力及抗肿瘤能力减弱。因此,在2001年营养及医学界专家们再次呼吁,中国人迫切需要解决缺铁性贫血,中央政府对此相当重视。

铁元素在四棱豆种子、嫩荚、叶、块根中每百克分别为3~18毫克,0.2~12毫克,170毫克(干)、6.28毫克(鲜),0.5毫克。四棱豆叶中含铁量在农作物中是最高的,除富含铁元素外,口味独特,被誉为"超级补血蔬菜"。

十四、锌 元 素

1934年,科学家发现动物离不开锌,缺锌导致大脑发育不良,智力发育不健全,记忆力下降,皮肤无光泽,易患皮肤病,阻止骨骼生长发育导致侏儒症,半数以上中老年男士有前列腺肥大现象,主要表现为小便不顺畅,指甲有白斑,儿童有"异食癖"现象,有蛀牙,抵抗力差。全国营养调查发现,我国青少年严重缺锌,对全国19个省、市、自治区学龄儿童膳食中锌含量的调查结果表明,60%的儿童每日摄入的锌只有推荐量的一半以下,专家呼吁:我国青少年补锌刻不容缓。中国营养学会推荐每人每天吸收锌元素15毫克。

四棱豆成熟的种子每百克含锌3.1~3.8毫克,与动物食品含锌量相当,嫩荚每百克鲜重含锌量0.12~0.21毫克,最高含量达1.3毫克。补锌与维生素A、钙、维生素B6一起摄入效果最好。四棱豆茎叶不但含锌还含有大量的钙、维生素B6、维生素A,食用四棱豆的叶尖对补锌、铁效果较好。

第二节　药用价值

　　四棱豆具有的药用价值，人们早已发现。现在，随着科技的进步，正在加以发掘，以造福人类健康。

　　四棱豆在一些国家还是一种传统的药用植物，如种子作催欲剂。据研究，赖氨酸在人类的食品中最重要而又缺乏，四棱豆与禾谷类的氨基酸存在互补关系，可用富含赖氨酸的四棱豆作为食品强化剂。在泰国，用干豆和稻米制作成强化食品专供婴儿和学龄前儿童食用。用四棱豆植物蛋白加少量动物蛋白（脱脂奶粉），可代替乳类治疗儿童"恶性营养不良症"。四棱豆富含的维生素 E、维生素 D 具有防衰老、增加记忆力的作用，防治佝偻病。榨出的油含有较高比例的不饱和脂肪酸和维生素 E，每百克含有 $23\sim44$ 毫克，有的品种高达 130 毫克。也是提取维生素 D、维生素 E 的新资源。

　　食物的营养价值与食疗对人体功能有密切的关系，身体不适的原因，大多是由于维生素和矿物质摄入不足造成人体各个器官不能正常运转，食物营养是人类生存的基本条件，是提高一个国家经济水平和人民生活质量的重要指标（表 2-6）。

表 2-6　中国人需要补充的维生素和矿物质

项　目	中国儿童、青少年 （3～17 岁）	女士（18～49 岁）	中年、老年人 （32 岁以上）
急需补充	锌	铁和维生素 B_9（叶酸）	维生素 C、钙
需要补充	钙、铁、硒、维生素（A、B_1、B_2、B_6、C、D、B_9）	钙、铁、硒、维生素（E、A、B_1、B_2、B_6、C）、β 胡萝卜素	铁、锌、硒、维生素（A、B_1、B_2、B_6、B_9、D）、β 胡萝卜素
不宜补充	维生素 E、β 胡萝卜素（有争议）、铜、磷	胆钙化醇（维生素 D）、铜、磷	铜、磷

　　注：摘自《维生素及矿物质白皮书》杜冠华，李学军编

1. **四棱豆种子** 不仅含有蛋白质、氨基酸、维生素、矿物质、脂肪、碳水化合物、纤维素和水,主要奠基人体生命源泉,激活人体内酶、激素、抗体,调节生理功能,维持机体生长,促进发育平衡,四棱豆在一些国家还是一种传统的药用植物催欲剂,是提取维生素 D、维生素 E 的新资源。榨出的油无豆腥味,抗氧化,延缓衰老,增强记忆,活血脉,壮筋骨。四棱豆与禾谷类的氨基酸存在互补关系,可以代替乳类治疗儿童恶性营养不良症,防治佝偻病等。四棱豆的营养价值对促进人类身体健康具有一定的药用价值。

2. **四棱豆豆荚** 含粗蛋白质、脂肪、碳水化合物、矿物质和维生素,对眼病、高血压、脚气、乏力、情绪急躁、头部沉重、皮肤粗糙、提高视力、糖尿病、减肥有非常好的食疗效果。四棱豆荚中含有的 β 胡萝卜素、维生素 E 被人体吸收利用,在清除自由基、美白皮肤、增强免疫力等方面效果十分显著。四棱豆嫩荚除含有以上 2 种营养成分外,还有维生素(B_6、B_2、A、B_1)及矿物质锌、镁、铁、钙、锰、钾等元素。每克蛋白质在机体内氧化可放出 4 千卡的热能,供代谢所需。据测定,四棱豆所含蛋白质的氨基酸(赖氨酸)超过了大豆、酪蛋白和鸡蛋蛋白,在豆类中是罕见的。每克脂肪氧化可产生 9 千卡的热量,是蛋白质和糖类产生热量的 2 倍多。可调节体温,保护内脏器官,滋润皮肤,有些不溶于水而只溶于脂类的维生素,只有在脂肪存在时才能被人体吸收利用。四棱豆所含的碳水化合物(糖类)促进生长发育,帮助肝脏解毒,是神经组织、细胞和体液最主要的机体热能,每克糖氧化可放出 4 千卡热量。缺少维生素和矿物质,会导致脚气病、坏血病、夜盲症、佝偻病、贫血等疾病。实际上,许多原因不明的身体不适症状,如乏力、情绪急躁,皮肤粗糙、牙龈出血,头部沉重等,几乎都是维生素和矿物质缺乏症的表现，缺了它们，人体会在 10 天内死亡。

3. 四棱豆茎、叶 富含矿物质和维生素及β胡萝卜素。每百克茎叶（干重）含铁 170 毫克，这是在农作物中最高的，每 100 克叶（干重）中的含量高达 15.8 毫克，远远超过其他蔬菜，是胡萝卜含铁量 3.6 毫克的 4.4 倍。

叶含粗蛋白质 5 克，脂肪 0.5 克，碳水化合物 8.5 克，灰分 1 克，热量 196 千焦，维生素 B_1 0.28 毫克，β胡萝卜素 660 毫克，维生素 C 29 毫克。嫩叶百克含铁 16.2 毫克，含钙 134 毫克，含磷 81 毫克等。四棱豆嫩芽汁可补血，治疗牙痛、消化不良症、眼病等，都取得很不错的效果。

4. 四棱豆根薯 是我国傣族的传统药物。在云南傣族传统药物中有 11 个单方和复方以四棱豆根薯为主药，药用时间在 10 月至翌春 2 月药效最好。对消化不良症，补血，眼病，都有不错的效果。

我国《新华本草纲要》《中药药名大辞典》《辞海》中有类似记载：四棱豆根微涩、性凉，有清热、消炎、利尿、止痛之功效，治疗咽喉痛、牙痛、口腔溃疡、皮疹、淋症、尿急、尿痛。用量与方法：用水煎服、加工成副食品食用，一般用量在 12～30 克或相当于原药的含量物质的食品，即可收到相应的疗效。

附：

咽痛临床表现为发热，身痛，咽痛，吞咽困难，扁桃体红肿，口渴心烦，便秘溲赤。

治疗方法：清热解毒，泻火。

处方：用老虎楝根、黑面神根、旋花菜根、四棱豆根薯各 10 克，将以上四味用米汤煮服，日服 3 次。

药性：微涩。

功效：利湿、止痛。

主治：《西双版纳中药志》："咽喉痛、牙痛、口腔溃疡、皮疹、尿急、尿痛。"

用法用量：内服、煎汤，块根9～15克，大量用60克。

方选和验方：《浙江天目山药用植物志》："治痢疾初起腹痛：四棱豆18～21克，白马骨（即六月雪）根、山靛青根各21～24克，车前子12～15克。水煎，早、晚饭前各服1次。忌食酸辣、芥菜。"

单方应用：《广西药用植物志》："治跌打损伤，肾虚腰痛，风湿痹痛，闭经痛经；四棱豆30～125克，水煎服。"

食疗：《浙江药用植物志》："治淋巴结结核，四棱豆根60～125克，鸡蛋3～5个，加红糖适量共煮。蛋煮熟后，剥去蛋壳再煮，将药汁过滤去渣与鸡蛋共服，连服2天。以后每隔4天，再连服2剂。"

第三章　四棱豆栽培技术

　　四棱豆在保护地(苗床)育苗,温度保持在 15℃ 以上,有效积温在 135℃～157℃ 时即出成苗。露地在断霜后进行直播或定植(移栽)。一般 7～15 天出苗,低温时或环境不佳可延长到 20 天,4～6 片真叶需时 30～45 天。河南省濮阳地区育苗期在 2～3 月份,露地直播或栽培在 4～5 月份,最迟不能晚于 6 月上旬,6～7 月抽蔓,7～8 月初花期,7～8 月始荚期,8～9 月盛荚期(鲜荚),8～10 月采收期,11 月上旬根块收获期。

　　河南省濮阳地区种植春季育苗(苗期)及时浇水和保温育苗及遮阳处理,可提早开花,5～6 月降温遮荫,催花长荚,7 月上旬可有少量结荚,这时荚短小,易成粒,粒小皮厚,成熟期短,这是因为 7 月份该地温差小,长日照、高温,6～8 月份出现延迟花粉管的伸长时间,影响受精,可能出现大量的畸形荚,容易引起大量的落花。果皮早期增厚,品质变劣。株形旺长,养分消耗大。春种、夏种矮生直立四棱豆的生育期见表 3-1。

表 3-1　春种、夏种矮生直立四棱豆的生育期(濮阳)

区域	一月			二月			三月			四月			五月			六月			七月			八月			九月			十月			十一月			十二月		
	上旬	中旬	下旬	上旬	中旬	下旬	上旬	中旬	下旬	上旬	中旬	下旬	上旬	中旬	下旬	上旬	中旬	下旬	上旬	中旬	下旬	上旬	中旬	下旬	上旬	中旬	下旬	上旬	中旬	下旬	上旬	中旬	下旬	上旬	中旬	下旬
顺强 008 蔓生四棱豆					◆		○	●					△		※		※		∩			▼		△		※		◇		◆		=				
顺强 2000 直立四架四棱豆 (濮阳早熟型)				●	●			⌒			□			△	※		※			※		▼		●		◇			◆			=				

　　注:"∩"为育苗;"□"为露地直播;"⌒"为保护地;"----"为苗龄期;"△"为移栽;"※"为始花期;"¤"为盛花期;"一"为生长期;"◇"为始荚期;"◆"为盛荚期;"="为收获期;"●"为全株收获。本表生育期是以濮棱 008(蔓生)、濮棱矮生直立 2000 品种为依据

第一节 育 苗

一、土肥要求

四棱豆对土壤肥力要求较高,以轻壤土和砂壤土为佳,熟土层厚度应在 30 厘米左右,土壤有机质含量在 3% 以上;土壤保水、供水、供氧能力强,土壤含氧量在 10% 以上,土壤三相比为固相 40%,气相 28%,液相 32%,土壤有较大的热容量和导热率,温度变化平稳。

可以用农家肥,商品有机肥,腐殖酸微生物肥,有机复合肥,无机(矿质)肥,叶面肥。

一般选择 2~3 年内没种过豆类作物的田块来种植,每667 平方米施有机肥 3 000~4 000 千克,氯化钾 100 千克,过磷酸钙 25 千克,深耕细耙。

二、种子繁殖

1. 精选种子 在播种之前,必须先做好选种这一环节,因此在生产上应选当年而不是陈年的种子,籽粒饱满,种皮光亮,百粒重高,无病虫害和无机械伤的种子,才能提高种子的发芽率和发芽势。

2. 种子处理 种子处理前晒种 2~3 天,用 55℃~60℃温水浸种,并不断搅动保持水温 10~15 分钟,可杀死种子表面所带病菌,预防立枯病,促进种子吸水。将种子捞出再用清水冲洗,继续用 30℃温水浸泡 8~10 小时,将不吸涨豆粒挑出,即"硬豆"种子一般有 30%,晾干用砂纸擦破种皮(种脐背部少量)或将硬豆放入粗沙中搅动 15~20 分钟,使种皮破损,进行催芽。或用 12.5% 的稀释硫酸液,浸种 5 分钟,再用清水将硫酸液冲洗干净,然后 62℃温水浸种 5 分钟,均可提高发芽率。催芽适温 25℃~28℃,或白天用 30℃温水浸 8 小时,晚上用 20℃ 温水浸 16 小时,浸种经过 2～3 天用清水冲洗 2 次后,出芽率可达 90% 时即可播种。

四棱豆为热带豆类作物,其萌芽起点温度为 11.5℃。汪自强等(1998)对四棱豆北引 1 号和北引 2 号观察结果表明,两个四棱豆品种皆能在 15℃ 下发芽,但正常发芽率较低,非正常发芽率在 10% 以上,霉烂率高。随着温度的升高,正常发芽率明显提高,霉烂率降低(表 3-2)。四棱豆种子具一定比例的硬实,硬实率为 4.6%～9.3%。25℃ 以下浸种 72 小时的吸涨试验表明,"北引 1 号"和"北引 2 号"两品系的未吸涨种子比例分别为 5.2% 和 11.3%,与发芽试验所显示的硬实比例基本一致,表明四棱豆是一个古老的半驯化豆类,进化程度不高,当然"硬"也与种子成熟过程的环境条件及干燥程度有关。试验表明,浸种比不浸种正常发芽率高,霉烂率低。

表 3-2 不同温度下四棱豆的发芽特征

品 系	温 度 (℃)	正常发芽率 (%)	非正常发芽率 (%)	硬实率 (%)	霉烂率 (%)
北引 1 号	15	33.8	11.2	5.2	49.8
	25	55.5	8.7	4.7	31.1
	25(浸种)	67.1	4.7	4.6	20.1
	25	78.9	7.2	4.6	9.3
北引 2 号	15	24.1	13.1	6.3	53.5
	25	39.7	10.8	7.8	41.7
	25(浸种)	52.3	9.5	8.0	30.2
	25	62.4	9.2	7.6	20.8

注:引自汪自强《四棱豆栽培实用技术》(2004 年)

3. 种子育苗方法

(1)营养土的配制 四棱豆幼苗相对生长量大,对环境适应能力差,容易感病,因此需要给予富含有机质、完全营养的土壤条件,多用人工调制营养土。用没种过豆科蔬菜的壤土

6份,腐熟厩肥4份,或用草木灰4份,壤土3份,厩肥3份,每立方米营养土加入多元复合肥1.5千克,草木灰5千克,50%托布津或50%多菌灵粉剂80克,2.5%敌百虫60克,掺匀后过筛,堆好备用。

(2)苗床 将原床表土20～30厘米挖出,培于东北西三面,做成北高南低的阳畦,地面整平、夯实。填入培养土,踏平后灌足底水不下渗后划成10厘米×10厘米土块,或排入营养钵。

(3)播种 播种期可根据定植期和苗龄来确定。播种时,每土块中央或营养钵中点播2粒种子,播后上覆2厘米的细土。播完后,立即盖严塑料薄膜,夜间加盖草苫,提高苗床温度。

(4)苗床管理 出苗前温度控制在白天25℃左右;夜间18℃以上;出苗后及时通风,适当降低温度,白天20℃～25℃,夜间温度15℃以上(表3-3),随着外界气温升高,逐渐加大通风量,待外界气温稳定在15℃以上,将草苫全部揭开,加强炼苗。用小拱棚育苗的,晴天时将薄膜全部揭去。生理苗龄3～4片真叶,日历苗龄30～35天即可定植。定植前5～7天使幼苗处在露地环境条件下,选晴天,定植入大田中。

表3-3 苗期温度调节 （单位:℃）

时 间	白天适宜温	夜间适宜温	最低夜温
播种至出土	25～28	16～18	16
出苗后	20～25	15～18	15
定植前4～5天	20～23	10～12	10

(5)电热温床育苗 电热温床育苗技术是19世纪70年代末期由日本引进的一项技术,是利用电能通过特制的绝缘

电阻发热,提高土壤温度,创造适于四棱豆幼苗生长发育的温度条件。它把育苗的关键条件之一——温度,可以人工自动控制,育苗技术由以往的传统经验管理,逐步走向科学化管理。电热温床育苗技术的推广应用,把四棱豆育苗由分散的状态将逐步集中至少数专业户经营,进一步建立育苗工厂,进行育苗商品化生产。

电热线育苗:电热温床的布线距离和功率密度,应从降低成本,保证育苗质量的角度着想。我地(东经115°,北纬35°35′)电热线的功率密度以100瓦/平方米为宜,在外界气温10℃时,温床内温度可保持15℃~20℃,平均线距10厘米,在大棚和温室内可用等距离的布线方式,在风障阳畦内应用不等距离方式,畦的边缘应密些,中间可稍稀些。

冬季育苗,可适当增加功率密度,功率密度计算的公式如下:

功率密度(瓦/平方米)=每线功率(瓦)÷每线布置面积(平方米)

布线平均距离(米)=每线功率÷功率密度÷(每线长度一畦宽)

方法:将电热线布入苗床10厘米深的畦内,两端绕在小木桩上呈平行状态,线的另一头如在畦中央,将木桩固定引线扯到畦外,线长可在畦内多绕几圈。然后用万能表或其他方法测试加温线是否畅通。再均匀覆盖碎土2~3厘米用脚踏实,固定加温线位置。

如果用营养钵或育苗盘育苗,电热线上覆土2厘米,把营养钵或育苗盘摆上即可。

电热线的接头连在控温仪引出的电源线上,控温仪接通方法按说明书操作即可。

三、组培繁殖技术

采用四棱豆组培繁殖技术可以快速繁殖大量的脱毒苗,

为四棱豆的快速推广创造有利条件。大量试验证明,用沙培法或春季直接播种,四棱豆种子只有 30% 的发芽率,而划破种皮催芽的发芽率也只有 43%,而用硫酸处理 8 分钟后发芽率可达 70% 以上,最低也有 64%,因此,用浓硫酸处理四棱豆种子是四棱豆快速繁殖的基础。

种子先用 98% 的浓硫酸浸泡 8 分钟,再经自来水冲洗后,种植于经 1% 高锰酸钾消毒的细沙土中,于培养室内用沙培法催芽,用塑料薄膜覆盖保持 22℃～25℃ 的温度,7 天后待 2 片子叶展开转绿时去掉胚根,将胚芽带子叶切下,即可剪去茎段作为外植体。

先用 75% 酒精将 2 片子叶表面灭菌 30 秒,再用无菌水冲洗 1～2 次,然后放入 0.1% HgCl 溶液中浸泡 8 分钟,最后用无菌水冲洗 5～6 次,切除药液接触过的伤口,无菌处理后转放入培养室中进行无菌培养,30 天后长成 2～3 厘米小植株,剪取 2 厘米顶芽或单芽茎段转入继代培养基中培养,培养温度保持在 25℃±2℃,光照强度 1500～2000 勒,每天光照 16 小时,pH 值 6.0,蔗糖 20 克/升,即可满足四棱豆快速繁殖的需要。

由于四棱豆种皮较厚,不易吸收水分,如果温度控制不当,易发生腐烂现象,导致发芽率低,阻碍四棱豆的快速繁殖。采用组培快繁技术可以快速繁殖大量脱毒苗,为四棱豆的快速推广创造有利条件。高风菊等(2003)对四棱豆的组培快繁技术进行研究,探索出适宜四棱豆组培快繁的最佳培养条件。

减少生根培养基的养分 1/2,用吲哚乙酸、吲哚丁酸各 0.05 克,四棱豆植株 30 天由 2 厘米可长成 7 厘米的健康植株,经过 3 天炼苗可移栽到营养钵中。营养土配制以蛭石:

草炭：田园土＝3：1：1较好,浇透水,覆膜保持相对湿度90％以上,2周后逐渐打开覆膜通风,四棱豆成活率可达95％左右。

四棱豆的初代培养,激素添加水平差异不显著。以 MS＋BA1.0＋IBA1.0 较好,培养30天后小植株高3厘米左右,茎较粗壮,叶色较深,成活率较高(表3-4)。

表3-4　不同激素对四棱豆初代培养的影响

激素水平	播种株数	成活率(％)	株高(厘米)	分化系数
MS＋BA1.0＋IBA0.5	70	45	1.8	6.6
MS＋BA1.0＋IBA1.0	70	49	2.2	6.8
MS＋BA2.0＋IBA0.5	70	52	2.2	6.0
MS＋BA2.0＋IBA1.0	70	48	2.3	5.9

注:摘自郭巨先、杨暹编著《四棱豆栽培实用技术》,2002年

在四棱豆初代和继代培养基上,生根粉使用量直接影响着小植株的生长和分化,使用量合适时,茎较粗壮,叶色深绿,茎部愈伤组织完好,玻璃化苗,褐化苗较少,死亡率低,成活率较高(表3-5)。

表3-5　不同激素水平对四棱豆继代培养的影响

激素水平	接种株数	月增殖系数	株高(厘米)
MS＋BA1.0＋IBA0.1	70	5.4	4.5
MS＋BA0.1＋IBA0.5	70	5.2	4.2
MS＋BAA0.05＋IBA0.05	70	5.7	6.5
MS＋IAA0.1＋IBA0.1	70	6.0	7.2

注:摘自郭巨先、杨暹编著《四棱豆栽培实用技术》,2002年

以上四棱豆生根粉,IAA,IBA,《中国农村科技》杂志社河南濮阳通联站有售,包括技术及试验器材。地址是河南省

濮阳县城关镇裴西屯 253 号,邮编:457100。电话:0393—4230772。

四、插条繁殖

四棱豆茎节与蔓间能生长不定根的生物特性,用再生能力强的根苗可作栽培材料。

1. 源株(母株)剪条 选取插条长度 8～12 厘米,留 3 个节保留节上侧芽,将复叶叶片剪去一半,以减少叶面蒸腾作用。

2. 灭菌准备 用多菌灵 300 倍液清洗插条,并将插条基部在不同浓度的植物生长调节剂萘乙酸(NAA)溶液中(分 50 毫克/千克,100 毫克/千克,250 毫克/千克,500 毫克/千克四种浓度)和吲哚丁酸(IBA)溶液中(分 250 毫克/千克,500 毫克/千克,1 000 毫克/千克溶液三种浓度)速蘸 7 秒钟后,立即扦插于装有蛭石和沙土的育苗盘中,深度 5 厘米,行距 10 厘米×5 厘米,也可以用生根壮苗剂,夏季晴天,每隔 10 分钟喷 5 秒钟药液,晚间不喷。生根率为 80%～90%。在温床表面日平均温度 24℃及地下 5 厘米处平均温度 24℃的条件下易生根。经 10～14 天即育成扦插苗。

3. 定植管理 插条根系长到 2～5 厘米即可定植。经过短期缓苗后,可正常生长发育。开花结荚较早,营养生长与生殖生长协调。由于扦插苗长势弱,定植密度每平方米 5 株,加强肥水,精心管理。在河南省濮阳地区 7 月上旬可以扦插,能正常生长发育,长成嫩荚作蔬菜食用。扦插时间如果提前在 5 月中下旬,可以长成老荚。北京地区在 7 月中下旬才能剪枝育苗,但形不成产量。每根茎蔓上最少要留 3 个芽节,在无霜期长的南方地区可收获大量的鲜荚。6 月份扦插鲜荚可形成产量,并能在 9～10 月份采收鲜荚上市。由于利用无性扦插繁殖,很符合当地的栽培传统,其好处是大大缩短了四棱豆的生育期,减少苗期占用大田的时间,提高单位面积的种植指数,优化品质,提早占领市场进行销售。

五、块根繁殖

第一,侧打顶促块茎。四棱豆具有无限结荚习性,后期营养生长仍很旺盛,摘除老叶、顶梢和无效分枝,能抑制营养生长,促进块根膨大,为提高根块产量打下良好的营养繁殖基础。

第二,适时收获种薯。适宜留种的薯块可选择晴天刨挖,最好霜前留种,霜前比霜后刨挖成活率提高10%。最好不要损伤根茎,其伤口组织在正常环境中,1个月后即可自行愈合。注意不要弄断根茎。

第三,入窖管理与温床催芽育苗。四棱豆根薯萌发的起点温度为12.7℃,与甘薯相近。入窖的贮藏要保持窖内干燥,以利于块根伤口愈合,可用细沙埋藏。用温床催芽,因是从根颈周围萌发根苗,所以不要分蔸。四棱豆块根具有根瘤固氮能力,在温床上育苗最好覆盖一层菌土(已种过四棱豆的土壤)。

第四,定植和田间管理。环境在平均温度17℃时,即可定植。块根苗栽培密度要比种子苗稀,每平方米1株较合适,每667平方米栽600株左右。种植块根,一般起垄播种,播深5～7.5厘米,并在以后注意培土;茎蔓沿地面生长。作为多年生作物,可每3年播种一次。间作套种时,定植可适当延迟,注意从苗床挖取,不要损伤块根苗,定植成活后的管理与种子苗相同。

四棱豆块根能在温室越冬。在11月上旬将挖出的块根种在温室,12月上旬开始发芽生长。翌年4月下旬开花结荚,在温室越冬的已摘过荚的块根,温度要保持在 20℃ 左右,虽是在短日照季节,仍需 4 个月才能开花。

采用块根繁殖,如果直接露地定植,可将中等偏小块根头朝上埋植于穴中,用地膜覆盖定植穴。这样能促其早发芽,早开花结荚。

第二节 栽 培

一、大田栽培

移栽或直播前做成高垄,垄距 80～85 厘米,按穴距 60～70 厘米开穴,每穴种 2～3 粒种子,上覆土 3～4 厘米厚直播。移栽时小心起苗,减少幼苗伤根。定植行距为 80～85 厘米,株距 30～35 厘米或每穴 2 株,穴距 60 厘米,每 667 平方米植 2 300～2 500 株。直播后 7～8 天,幼苗相继出土,要及时查苗、补种,确保全苗。待幼苗 7～8 叶时,拔除生长弱苗、畸形苗,选留健壮幼苗,每穴保留 2 苗。

育苗移栽能获得增产的原因是:出苗整齐,减少弱苗缺苗现象。四棱豆苗生长慢,苗期长,苗床集中管理,可省工、省肥、省药,效果好,减少病虫害。抑制主根和茎叶徒长,降低植株高度。促进侧根的发生和生长。延长收获期,增加自然成熟种子。有利于其他作物茬口的安排,增加土地利用的经济效益。

四棱豆定植过密则通风透光不良,太稀又影响早期的产量。先在畦上开沟,或按行距 40 厘米,深度以苗坨放入后畦平为宜,浇足水后覆土封窝,矮生品种单行种植。

四棱豆属子叶留土作物,种子出苗过程,是种子上胚轴伸长顶出嫩芽。幼苗顶土能力较强,播种深度根据不同的播种方式确定,保护地恒温育苗覆土厚度 2 厘米,露地地膜覆盖播种覆土厚度3厘米,春季露地直播覆土厚度4厘米,如用地膜覆盖可提前播种70天左右,覆膜前施足基肥,浇足底墒水,整地做畦,畦面要做到平、净、细、暄。覆膜要紧贴畦面,用土压好膜边,提高地温以利于保墒,覆膜后打孔(孔径5~6厘米)播种。我国南方各地3~6月份均可播种。每667平方米用种量0.6~0.75千克。

二、茬口安排

1. 四棱豆不宜连作 因为连年种植易导致四棱豆病虫害加重,产量品质也会受到影响。四棱豆连年种植会使适合种植四棱豆田间的杂草增多,为病虫害提供了适宜的环境,导致四棱豆品质和产量下降。连年种植四棱豆的土壤养分消耗量大,不能充分供应,其根系分泌物导致重复积累有害物质,植株抗病虫能力严重减弱,导致植株生长变劣。

2. 四棱豆是轮作禾本科的好茬口 四棱豆收获后残留大量的根系与根瘤,每667平方米残留根瘤有40~47千克,对改善土壤理化及生物学性状具有高效作用。据测定,在大田栽培条件下,根瘤营养生长期的固氮活性最高,成熟的壮固氮酶活性最高。一般能增产5%~15%,高的达40%以上。在我国适合与四棱豆轮作的作物有高粱、水稻(旱稻)、玉米、谷子、芝麻、甘蔗、果树、生姜、大蒜、辣椒、马铃薯、甘薯、花生、西瓜、黄瓜、苋菜、棉花、荠菜等。

四棱豆可以单种,也可以与玉米、甘薯、芋头、甘蔗或其他蔬菜间作。为提高嫩荚和种子产量,以平播或分畦平播为好,在降水量不够充足的地方,要在播前做好灌水沟。种子穴播,深3~5厘米,土壤水分充足时为2~3厘米。因为茎蔓长,可用二足式篱笆作支架,以提高嫩荚和种子的产量。行株距的大小因地区、栽培品种和主要收获物的目的而不同。收获种子为主要目的时,行株距可用 60 厘米×60 厘米,每穴播 3 粒种子;主要收嫩荚时,行距可用60～120 厘米,株距 45～60 厘米,高 20～25 厘米。有的地方四棱豆实行丛播,穴距 1～2 米,行距 2 米;有的行株距为 4 米×4 米,每穴2～3 粒种子,若行株距为 4 米×4 米,每 667 平方米需要种子 200～300 克。

3. 四棱豆的轮作方式与模式

(1)丝瓜—四棱豆—生姜(菊芋)

(2)甘薯—四棱豆—玉米

(3)谷子—四棱豆—玉米—马铃薯

(4)四棱豆—芝麻—胡萝卜—谷子

(5)四棱豆—水稻—花生—玉米

(6)四棱豆—谷子—大豆—水稻

(7)四棱豆—甘蔗—马铃薯—水稻

(8)甘薯—花生—玉米—四棱豆—棉花

(9)四棱豆—玉米—花生—谷子

(10)四棱豆—辣椒—谷子

(11)四棱豆—谷子—小麦

(12)四棱豆—芝麻—水稻

以上轮作方式可根据当地具体情况,因地制宜进行调整,根据四棱豆的品种不同,合理安排。矮生直立无架四棱豆品种可与玉米、小麦、果树、花生、棉花、芝麻等作物轮间作。在蔓生攀缘四棱豆植株下面可以种植蘑菇、木耳等食用菌,以提高复种指数和种植经济效益。

(1)莴笋—玉米—四棱豆间作栽培模式 早春莴笋、嫩玉米、四棱豆间作栽培,它能充分利用北方大部分地区水、肥、气、热等条件资源,一般年份每 667 平方米收入可达 8 000 元。现将该模式技术要点总结如下:

①早春莴笋　9月份育苗，可用雪里松、二白皮、挂丝红等早熟、抗寒高产品种，每667平方米用量20～25克。选择土壤肥沃的地块作苗床，一般移栽每667平方米需床地20～25平方米，当苗长到10～15厘米时(10月下旬)，移栽到四棱豆预留行中，并覆盖地膜，饱灌移栽水和封冻水，翌年莴笋开始返青生长时，每667平方米施蔬菜冲施肥10千克。到翌年4月上中旬陆续上市，每667平方米产2 000～2 500千克，可收入1 200～1 500元。

②早春鲜玉米　选择中早熟、低秆大穗、出籽高的穗甜1号、广甜1号、广甜3号、广糯2号等品种，播种前结合整地每667平方米施多元素复合肥50千克(施肥时也要考虑到后茬四棱豆所需的营养)。每667平方米种植密度2 000株，种植株距40厘米，行距80厘米，每穴2粒，667平方米用种1 500克。在拔节结穗、灌浆时加施肥水和病虫害管理，其间多喷叶面肥。一般在6月底或7月初收获，收获时，注意不要收获秸秆，以供四棱豆种植利用。667平方米产量在1 000～1 500千克，667平方米收入1 500～2 000元。

③四棱豆　四棱豆育苗在4月中下旬进行。播前精选出粒大、饱满、有光泽、无病虫害和机械损伤的种子，进行催芽后，每钵2粒种子，排开放置，覆土约2毫米，随后覆盖薄膜保温、保墒，等出苗后去膜。注意防治立枯病，及时剔除发病株及周围幼苗，幼苗长到4～6片叶时，即可移栽到鲜穗玉米田中。定植后至结荚前期的管理重心是促根壮秧，中耕松土，协调秧、荚、根的关系。主蔓长80～100厘米时，中耕施肥，培土成垄，以利于地下块根生长。当主蔓长到2.0米时，由于茎叶、块根生长和开花结荚同时并进，一般每采收嫩荚2～3次，追肥1次，也可追施人粪尿，共追肥2～3次，进入开花后期及

时打顶,促进有效分枝的发生。结荚中期去掉过密的二级、三级分枝和过旺的叶片,以利通风透光。四棱豆开花后 15~20 天,荚果已定型但籽粒尚未饱满时,是最好的采收时期,这时嫩荚尚未纤维化,色泽黄绿,手感柔软,口感好。667 平方米产鲜荚 1 000~1 500 千克,收入在 2 000~3 000 元;667 平方米产嫩叶梢 100~150 千克,收入 200~300 元;根薯 300 千克左右,667 平方米收入 150~200 元。

(2)马铃薯—四棱豆—芫荽栽培模式 马铃薯、四棱豆、芫荽间套种植,充分利用 3 种作物的生长习性,合理安排播种时间,可使马铃薯提前上市,芫荽淡季上市,一般每 667 平方米能产马铃薯 1 500~2 000 千克,四棱豆 1 000~1 500 千克,芫荽 800~1 200 千克,效益相当可观,现将模式介绍如下:

①茬口安排 2 月上中旬播种马铃薯,地膜加小拱棚,双膜覆盖,5 月上中旬收获。四棱豆 3 月中上旬阳畦或小拱棚育苗;4 月下旬定植大田,5 月中旬至 11 月上旬采收。芫荽 5 月下旬播种,6 月下旬陆续采收。

②品种选择 马铃薯可用鲁引 1 号、津薯 8 号、郑薯 5 号、郑薯 6 号等脱毒品种;四棱豆品种可选用濮棱 008、濮棱 6 号、碧翠 5 号、濮棱 998 号、强丰 168 号等品种;芫荽品种选用耐热抗抽品种四季香妃、美国大叶、新西兰大叶等。

③栽培要点 早春马铃薯:冬前深耕冻垡,开春整地施肥,每 667 平方米施腐熟有机肥 4 000~5 000 千克(1/2 作基肥深施,其余开沟播种时集中沟施),三元复合肥 50 千克,草木灰 25 千克。宽垄双行栽培,垄面 40 厘米,垄间距 30~40 厘米,每 2 垄搭一拱棚覆盖,隔 4 垄预留 40~50 厘米宽的畦作为四棱豆育苗或定植用地。1 月中下旬将马铃薯暖种,然后切块,阳畦催芽备播。2 月中上旬视气温状况,选择晴暖无

风的天气将催好芽的马铃薯种下,一垄双行,株距15～18厘米,播后覆盖地膜,搭拱棚保温。4月中下旬外界平均气温稳定在15℃以上时,可逐步放风,直至撤掉拱棚。5月上中旬收获上市。

四棱豆:3月上中旬用苗床或小拱棚育苗,苗龄40～50天,5～6片真叶及时定植。大田预留畦田,基肥穴施,每穴施有机肥3～5千克,复合肥0.3千克。棚架栽培,每畦定植2行,株距30～40厘米,667平方米定植1000～1200株。苗高30～60厘米左右及时在马铃薯茬的地上方搭支棚架。茎蔓上棚后,使茎蔓均匀分布在棚架上,以提高光能利用率,并为棚架下芫荽的播种生长创造阴凉环境。四棱豆坐荚后,及时适当管理。促侧蔓萌发坐果,注意摘除弱小侧枝、老叶、过密叶,以利于通风透光,摘掉畸形果。集中养分促进荚果发育。结荚收获期可延迟到11月上旬。

芫荽:5月中下旬马铃薯收获后整地,667平方米施磷酸二铵30千克,不施或少施有机肥。做60～70厘米宽的平畦,一般每棚架下做3个畦。将芫荽种子用清水泡2天,捞出摊开,放阴凉处催芽,保持温度20℃～25℃,3～4天可出芽播种,每667平方米用种2千克左右。播种时,畦面灌水,待水渗下后,把种子用适量细沙掺匀,均匀撒播在畦面上,播后覆土1～2厘米,保持畦面湿润。一般播后40～50天可收获,7月上旬收获完毕。

三、四棱豆日光温室生产技术

1. 施肥 将前茬作物的残枝败叶及农膜去除,施足基肥,根据土壤肥力和目标产量,确定施肥总量。一般每生产1000千克四棱豆,需吸收氮肥(N)10.24千克,磷肥(P_2O_5)4.35千克,钾肥(K_2O)10.35千克。磷肥全部作基肥,钾肥

2/3 作基肥，氮肥 1/3 作基肥。基肥以优质农家肥为主，2/3 撒施，1/3 沟施，深翻 25～30 厘米做畦。

2. 棚室消毒 选择无风的晴天，对棚室进行消毒，每 667 平方米用 80%敌敌畏乳油 0.25 千克拌上锯末，与 2～3 千克硫黄粉混和，分 10 处点燃，密闭 24 小时，放风除味。

3. 育苗

(1)营养土的配制 将烧透的炉渣、无菌的田园土、腐熟的农家肥各 1 份配成营养土，过细筛，要求 pH 值 5.5～7.5，有机质含量 2.5%～3%，有机磷 20～40 毫克/千克，速效钾 100～140 毫克/千克，碱解氮 120～150 毫克/千克。配制好的营养土均匀铺于播种床上，厚度 10 厘米。

(2)播种 在常温下浸种 8 小时，在 28℃的环境下催芽，芽长 0.5 厘米即可播种。

播种前先灌足底水，然后在土块或营养钵内扎 1 厘米深的小孔，在孔内播上 3 粒经过精选的种子，再覆土(疏松的营养土)，待全部播种完毕后，覆盖地膜保墒、保温。播种后的土温保持在 15℃以上，最初保持在 20℃～25℃，待幼苗出土时，及时揭去地膜以免烤苗，如出苗不齐，可在已出苗的部位撕开地膜，防止烤苗。

直播时 1 畦播 2 行，行间距 40 厘米，穴距 30 厘米。每穴 3 粒种子，覆土 2～3 厘米厚，出苗后中耕松土，促进根系生长。直播的 4 叶期定苗 1 株；育苗的 2～3 叶期间，1 钵留 1～2 株，四叶一心或五叶一心定植。生长期间，保持空气相对湿度 65%～75%，土壤相对湿度 60%～70%。

植株抽蔓后，要及时吊蔓或插架，如果采用吊蔓栽培，引蔓绳不要绑在日光温室的骨架上，而应绑在菜豆植株上部另设的固定铁丝上。铁丝距离棚面 30 厘米以上，以防止四棱豆旺盛生长时枝蔓、叶片封住棚顶,影响光照,同时避免高温危害。

(3)水肥管理 植株从定植缓苗到开花、结荚前要严格控水,开花前一般不浇水,干旱时适量浇水,以控秧促根。当第一花序上的豆荚长到3～5厘米时,开始追肥浇水。每5～7天浇1次,隔1水追1次肥,每次每667平方米施冲施肥15～20千克,也可顺水追施稀粪尿1 000千克。开花结荚时可加大水量,每10天左右浇1次,667平方米随水施硫酸铵20千克,追2～3次。应适当多施氮、钾肥,有针对性地喷施微肥。结荚期可用0.01%～0.03%的钼酸铵喷施植株,加速四棱豆的生长发育,提高前期产量。同时,应增施二氧化碳气肥,使棚室内二氧化碳浓度达到800～1 000毫克/千克。结荚后期,改善通风透光条件,加强水肥管理,促使侧枝生长和潜伏芽发育成果枝。

贯彻"预防为主,综合防治"的植保方针,坚持"农业防治,物理防治,生物防治为主,化学防治为辅"的无害化防治原则。

根据四棱豆喜温和需短日照的特点,日光温室栽培时重点应放在秋冬茬,其次是冬春茬。

秋冬茬:8月上中旬育苗或直播,9月上中旬定植,气温下降至16℃时覆盖棚膜,10月中下旬采收嫩荚,直到翌年1～2月。

冬春茬:12月上中旬到翌年1月中旬播种育苗,苗龄在40天左右;1月中下旬到2月中下旬定植,3月始收,直到6～7月。

四、新型栽培——秸秆生物反应堆栽培技术

四棱豆秸秆生物反应堆栽培技术是以四大创新理论,即植物饥饿理论、植物生防理论、叶片主被动吸收理论和秸秆中矿物质元素循环再利用理论为基础。该技术的实施一方面可加快四棱豆的增产、优质、高效的有效潜力，解决秸秆利用，提高土地生产力，使四棱豆生态进入良性循环，实现四棱豆生产高产优质的可持续发展；另一方面实现"两减三增"(也就是减少化肥、农药用量，增加产量、质量和效益)；另外可达到生产无化肥、无农药四棱豆，提高四棱豆核心竞争力，提高人民生活质量的目的。

四棱豆应用秸秆生物反应堆和植物疫苗技术。四棱豆属温型的菜豆，是需求二氧化碳较多的作物。保护地栽培有四大难题：地温偏低；二氧化碳亏缺；病虫害严重；土壤板结。保护地栽培不能满足其需要。秸秆生物反应堆和植物疫苗技术的应用，能很好地克服以上问题，冬天 20 厘米地温增加 $4℃\sim6℃$，二氧化碳浓度提高 $4\sim6$ 倍，减少化肥用量 60%，减少农药用量 80%，连用两年可不施化肥、农药，成本降低 60% 以上，平均增产 $50\%\sim310\%$，平均售价提高 3%，成熟期提前 15 天，收获期延长 30 天。它是有机无公害栽培的突破性的技术，该技术应用方式分为：内置式、外置式和内外结合式 3种。现将内置式和外置式生物反应堆栽培技术介绍如下。

1. 内置式秸秆生物反应堆和植物疫苗的使用技术　在四棱豆种植 15 天前进行内置式操作；四棱豆定植后应选用行间内置式进行。

(1)秸秆和其他物料用量　秸秆每 667 平方米使用 $3\,000\sim4\,000$ 千克，饼肥 $1\,000$ 千克，牛、马、羊等食草动物的粪便 $3\sim4$ 立方米。

(2)菌种、疫苗用量　菌种每 667 平方米用量 $6\sim8$ 千克，疫苗 $2\sim3$ 千克。

(3)菌种和疫苗使用前的处理　使用当天按 1 千克菌种对掺 15 千克麦麸、13 升水,三者拌和均匀,堆积 4～5 小时(温度低时可延长堆积时间)后开始使用。如当天使用不完,可堆于阴暗处,厚度 5～8 厘米,第二天继续使用。疫苗 1 千克对掺 20 千克麦麸、18 升水,处理方法同上。

(4)内置式秸秆生物反应堆的操作方法　种植前在小行下开沟,沟宽与小行相等,沟深 20 厘米,沟长与株行相等,所挖土壤分放两边,开完沟后放入处理后的秸秆,填平踏实的秸秆厚度 30 厘米,沟两头秸秆露出 10 厘米,以便进入氧气;填完秸秆按每沟菌种用量,均匀撒在秸秆上,立即覆土,起垄找平,覆土 15 厘米厚。然后挖穴或开小沟,将疫苗撒施于定植穴内,并与土壤掺和均匀,放苗、浇水、覆土,最后盖膜,打孔。在每行的两株之间用 14 号钢筋打孔,孔距 15 厘米,孔深以穿透秸秆层为准。

(5)行间内置秸秆生物反应堆的使用　此法在定植后的大行间起土 15～20 厘米深,放秸秆踏实填平,厚度 40 厘米,沟的两头各露出 10 厘米的秸秆,再按每沟所需的菌种用量,均匀撒施在秸秆上,用铁锨拍振一遍,将所起的土回填于秸秆上,然后浇小水湿透秸秆,行间内置式反应堆只浇这一次小水,以后浇水在植株小行间进行。待 6～7 天后,盖地膜打孔,打孔用 14 号钢筋按 30 厘米一行,20 厘米一行进行,打孔以穿透秸秆层为准。

(6)内置式使用注意事项　做到三足、一露和三不宜。三足:秸秆用量要足;菌种用量要足;第一次浇水要足。一露:内置沟两头秸秆要露出茬头 10 厘米。三不宜:开沟不宜过深(15～20 厘米);覆土不宜过厚,一般沉实厚度 15 厘米左右;打孔不宜过晚,定植要及时打孔。

2. 外置式秸秆生物反应堆操作、使用与管理

（1）秸秆菌种用量 每次秸秆用量 1 500 千克，菌种用量 3 千克，全生育期加料 4～5 次。（菌种由山东济南秸秆生物技术工程中心生产，发明人：张世明）

（2）操作时间 定植前建好反应堆，定植后及时开沟抽气供应二氧化碳。

（3）操作方法 在大棚进口的山墙内侧距山墙 60 厘米，自北向南挖一个宽 1 米、深 0.8 米，长度略短于大棚宽度的沟（贮气池），从沟中间位置向棚内开挖一个低于沟底 50 厘米见方，向外延伸 80 厘米的通气道，通气道末端做一个下口直径为 50 厘米，上口内径为 40 厘米，高出地面 20 厘米的圆形气体交换机底座。整个沟体可用单砖砌垒，水泥抹面、打底，然后在贮气池上每隔 50 厘米横放一根小水泥杆，在杆上纵向每隔 20 厘米拉一道固定铁丝，就可进行铺放 40～50 厘米厚秸秆，均匀撒接一层菌种，连续 3～4 层，最后淋上水湿透秸秆，水量以下部贮气池中一半积水为宜，盖膜保湿，农膜覆盖不宜过严，下部有 10 厘米秸秆露出，以便进气促进秸秆分解发酵。

（4）使用与管理 可概括为"三补"和"三用"。

"三补" 即向反应堆补气、补水、补料。

补气。秸秆生物反应堆中的功能菌种需要消耗大量的氧气，因此，向反应堆中补充氧气是十分必要的。补充氧气具体措施是：反应堆盖膜不可过严，四周要留出 5～10 厘米高的空间，以利于通气。反应堆建好当天就应当开机抽气。即使阴雨天，也应每天通气 5 小时以上。

补水。水是微生物分解转化秸秆的重要介质。缺水会降低反应堆的效能，反应堆建好后，10 天内可用贮气（液）池中的水循环补充 1～2 次，以提高菌种利用效率，以后可用井水

补充。秋末冬初和早春 7～8 天向反应堆补一次水，多雨季节 10～12 天补一次水。补水应以充分湿透秸秆为宜。结合补水，用直径 10 厘米尖头大木棍自上向下按 40 厘米见方，在反应堆上打孔，孔深以穿透秸秆层为宜。

补料。外置反应堆一般使用 50～60 天，秸秆消耗在 60% 以上。此时应及时补充秸秆和菌种。一次补充秸秆 800 千克，菌种 2 千克，浇水湿透后，用直径 10 厘米尖头木棍打孔通气，然后盖膜。

"三用" 即指要用好反应堆的"气"、"液"和"渣"。

用气。充分使用反应堆中的二氧化碳气体，是增产、增效的关键。所谓用好气是指要坚持开机抽气，苗期每天 5～6 小时，开花期 7～8 小时，结荚期每天 10 小时以上。不论阴天、晴天都要开机。每日开机时间上午 9 时至盖草帘为止。

用液。外置反应堆浸出液中含有大量的二氧化碳、矿物质元素、抗病生物孢子，既能增加植物的营养，又可收到防治病虫害的效果。用法：按 1 份浸出液对 2～3 份水，喷施叶片和植株，或每月 3～4 次结合每次浇水冲施，每沟 15～25 千克即可。

用渣。秸秆的反应堆中转化成大量的二氧化碳的同时，也释放出大量的矿物质元素积留在残渣中，它是蔬菜所需有机和无机养料的混合体，每次处置反应堆清理出的沉渣，收集起来，可作追肥使用，也可以供下茬作物定植时在穴内使用，效果极佳。

五、园艺栽培

随着家庭结构小型化，住房的单元化与商品化，消费者的习惯也发生了改变，新鲜、味美、优质，具有保健作用的产品备受青睐。四棱豆以其独特的荚型，攀缘强势的蔓藤，令人赏心悦目的花、叶给人愉快和欢悦,有不同的品种类型,根据自身不同艺术修养及园艺风格,可塑造出园艺人所追求的特色。让您回归大自然,享受大自然的愉悦的美,通过亲手的劳动培育,观赏四棱豆的生长过程,亲自品尝劳动果实,通过色、香、味、形,既饱口福,又饱眼福,陶冶艺术情操,可消除疲劳、化解忧伤、振奋精神、有利于身心健康。

1. 四棱豆观赏园艺容器　四棱豆园艺观赏容器与栽培技术二者有机结合的园艺作品主要特点:质地坚固,透气性好,容纳营养土多,成本低,亲和力强,和谐,艺术造型独特(图3-1)。

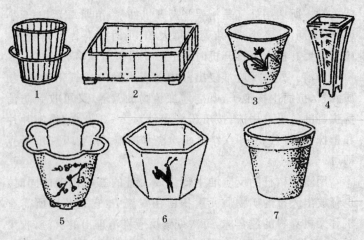

图 3-1　四棱豆观赏园艺容器
1. 木桶　2. 木箱　3、4. 瓦盆　5、6. 陶盆　7. 釉盆

(1)木桶　形状多四棱形、六角形、圆柱形等,材料多选用耐腐蚀木材制成,栽培蔓藤攀缘四棱豆。特点:通透性好,营养土容纳量大,趋于回归自然的风格。

（2）种植槽　材料多选用木条、铁片、竹片、砖块、钢筋水泥制成，有时底部装有滚轮，多在屋顶、房间走廊、阳台、平台等处，槽内放固体有机质，还可作无土栽培蔓藤四棱豆。

（3）素烧盆（瓦盆）　透气性好，能随环境变化而变化，土壤水分易散失。

（4）塑料盆　颜色有紫红、淡黄、浅蓝、绿蓝和乳白色，轻便耐用，美观，便于运输，保水性好。

（5）陶盆　适于套盆，不易丢失水分，宜放在客房、餐厅、展览馆、办公室内摆设。

（6）紫砂盆　有白砂、紫砂、红砂、陶泥、钧陶之分，特点：新型别致，盆壁以山水花鸟图或铭词诗书为多，颇富诗情画意，令人古朴幽情。

（7）套盆　套盆不是直接栽培，而是将盆栽四棱豆套装在里面，防止浇水时多余的水弄湿家具，多种植矮生直立微型品种。一般分两层，外层和内层，即外盆和内盆。外盆都是紧密没有孔，不透水，外壁美观。内盆比外盆小，套在外盆里面，底部有小孔，内装供植物生长的有机营养固体基质或营养液（图3-2）。

（8）无土栽培水培槽　把基质装入水培槽中，一般厚度20～30厘米，营养液从一端灌入，稍微有一点坡度，营养液可流向另一端。这一端可设一个或多个出口。种子或植物即可栽种到基质中。水培槽或水培箱适用于规模较大的无土栽培。

2. 四棱豆园艺品放置与模式　盆栽四棱豆架式有立干式、漏斗式、钟罩式、屏式、漏窗式、三角架式等模式（图3-3），前三种模式种植四棱豆应选择矮生直立型耐阴品种，多用于室内种植。其余以室外为主。

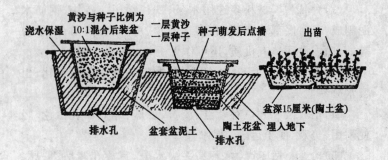

浇水保湿　黄沙与种子比例为　一层黄沙　种子萌发后点播　　出苗
　　　　　　10:1混合后装盆　一层种子

　　　　排水孔　　　盆套盆泥土　　陶土花盆　　埋入地下　盆深15厘米(陶土盆)
　　　　　　　　　　　　　　　　排水孔

图 3-2　盆中育苗

立干式　　漏斗式　　钟罩式　　屏式　　漏窗式　　三角架式

图 3-3　四棱豆园艺品模架

　　(1)立干式　在盆中央,直立一根木杆或竹竿,高 1～1.5 米,适于栽培矮蔓四棱豆,比如矮生濮棱 2000,濮棱矮丰 7 号,濮棱 099,桂矮四棱豆。

　　(2)漏斗式　在盆边立 4～6 根 1.2～1.6 米的长竹竿,全部向外倾斜,用 8 号钢丝制成直径 0.4～0.6 米和 0.6～0.8 米的两个圆圈,分别固定在竹竿中部和顶端。适合品种有通过修剪后的濮棱 1 号、濮棱 6 号、桂矮 1 号四棱豆。

　　(3)屏式　在方盆上立三根竹竿或木条,三根长 1.5 米在中部与顶端固定两道竹竿或木条。

室外种植四棱豆适用于木桶、种植槽,可在阳台种植四棱豆(蔓藤生长),在房屋种植四棱豆可设置水平架。种植平台栏杆、篱笆架四棱豆,窗台外独龙架四棱豆,房门双龙吐须架四棱豆,房檐走廊单柱架四棱豆等。在河南濮阳种植四棱豆品种有濮棱 1 号、濮棱 6 号、濮棱 008,濮棱 998、碧翠 5 号、强丰 168、早熟 1 号、早熟 2 号等。

具体方法可依据实际情况因地制宜调整实施。咨询电话:13030312316。

第三节　管　理

一、浇　水

四棱豆喜湿润环境,不耐干旱,在整个植株生长期应保持土壤湿润,育苗移栽前,浇足底墒水非常重要,保证幼苗成活率。幼苗有 3～6 叶时生长缓慢,一般不浇水。这一时期水分过大,会使植株上部徒长,根系上移,造成长势弱、产量低,影响产量和荚形。在抽蔓到现蕾这一期间可结合施肥、起垄培土浇水一次,以利于中后期开花,促使根薯膨大。盛花、结荚期需水量最大,缺水直接影响产量和品质。遇大雨时及时排水,根据实际情况注意中耕,适当控制水分,避免土壤板结。

二、中　耕

四棱豆定植后的幼苗具有 8～10 片真叶时,可结合中耕除草进行培土,以利于春季提高地温和保墒。随着温度的提高,植株生长加快,植株抽蔓时培土施入磷酸二铵 15 千克并结合除草。经两次培土,垄高达到 15～20 厘米,若遇大雨,亦能及时排水,有利于根薯块的形成。

三、除　草

四棱豆大田杂草防除技术:四棱豆生育期较长,受杂草危害影响大,一般在出苗前(直播)施用封闭除草剂和苗后(生长)期宜用内吸传导选择性除草剂。四棱豆育苗移栽和直播栽培。

每 667 平方米用 33%二甲戊乐灵乳油 100～150 毫升,或 50%乙草胺乳油 100～200 毫升,或 72%异丙甲草胺乳油 150～200 毫升,加水 20 升均匀喷施,可以有效防除多种一年生禾本科杂草和部分阔叶杂草。对于覆膜田或低温高湿条件下应适当降低药量。药量过大,田间过湿,特别是遇到持续低温多雨时,菜苗可能会出现暂时的矮化,多数能恢复正常生长;但严重时,会出现真叶畸形、卷缩和死苗现象。

为了进一步提高除草效果和保证作物的安全,特别是防除铁苋菜、马齿苋等部分阔叶杂草时,也可以每 667 平方米用 33%二甲戊乐灵乳油 75～100 毫升,或 50%乙草胺乳油 75～100 毫升,或 72%异丙甲草胺乳油 100～150 毫升,或 72%异丙草胺乳油 150～200 毫升,加上 50%扑草净可湿性粉剂 50～75 克或 24%乙氧氟草醚乳油 10～15 毫升,或 25%恶草灵乳油 75～100 毫升(混用配方),加水 20 升均匀喷施,可以有效防除多种一年生禾本科杂草和部分阔叶杂草。混合用药时药效高,但应在试验的基础上扩大应用。

四棱豆生长期禾本科杂草集中发生时,于杂草 3～4 叶期,每 667 平方米用 5%精喹禾灵乳油 50～75 毫升,或 15%精吡氟禾草灵乳油 50～100 毫升;或 12.5%稀禾定乳油 50～100 毫升,或 10.5%高效吡氟乙草灵乳油 50 毫升等,对水 30 升均匀喷施。

在阔叶杂草 2～4 叶期,每 667 平方米用 25%氟磺胺草醚水剂 40～75 毫升,或 48%苯达松水剂 100～150 毫升,加水 20 升均匀喷施,可以有效防除多种阔叶杂草和香附子的地上部分。

四、搭架

四棱豆是蔓生攀缘植物，需要搭架栽培，经对支架与不设支架比较试验，设支架后，种子产量可增加 2～10 倍，嫩荚产量可增加 2.9～3.5 倍，块根可增加 2～8 倍，不设支架不但产量减少，豆荚容易接触地面，泥土污染果荚，降低品质，容易发病。

蔓长 50～60 厘米时，要及时搭架引蔓。由于茎叶比较茂盛繁多，可选择 2 米长、粗 3～4 厘米的木棍或竹竿，搭成人字形、三角架、四角架或平棚形（架棚式），用钢丝固定。立架以东、西向为好，有利于通风透光，减少土壤水分蒸发，抑制杂草丛生，提高结荚率，有利于四棱豆生物潜力特性的发挥。

五、整枝

抽蔓开始后，茎蔓生长迅速，四棱豆侧蔓现蕾节位比主蔓低，结荚比主蔓密，故此时幼苗应全部摘心，促使低节位抽生侧蔓，早现蕾，早结荚。同时摘心后注意顺蔓使藤蔓均匀分布在棚架之上。此生育期可喷施适量的复合调节叶面肥（或混合调节剂）。[（四棱豆调节剂本单位有售，咨询电话 0393—4230772 13781356548 13030312316 15939360028）网址：www. sqsld. cn（www. silengdou. com/cn/net）中华（国）四棱豆网]

四棱豆长势强，分枝多，为促进早开花，早结荚，减少落花，提高结荚率，要进行合理的整枝。四棱豆以第一分枝结荚最多，其次是第二分枝。当主蔓长到 1 米时（初花期）时摘心，促进侧枝生长，增加花序数量，茎基部第二、第三次分枝也应摘心。每分枝只留基部 3～5 朵花打杈。盛花期及时去掉无效分枝、弱势花，摘旁心和打掉下部老叶，以改善通风和透光条件,还能减少养分的消耗。主蔓长到 25～30 片叶时,主蔓爬到架顶时摘心,促使各个部位花序的花芽生长发育,以利于高产。

引蔓初期,绑蔓 1 次,以后随时引蔓上架,使茎叶分布均匀,以免影响光照和通风。引蔓切勿折断茎蔓,否则侧蔓丛生,造成上部茎蔓分布小,下部通风不良,落花、落荚严重和病害发生,引蔓最好在晴天中午或下午进行。早晨和雨后茎叶含水量高,脆而易断,不宜操作。矮生直立无架四棱豆株高50～60 厘米时摘心,促进侧根生长,可提早开花结荚,侧枝可留 2～3 叶摘心。

六、四棱豆花蕾脱落现象

四棱豆生育期间一般有 2 000 朵花,由于花蕾脱落生理现象,结实率仅占 2%～3%,影响花蕾脱落的因素主要有品种内在的遗传生理现象、环境气候、栽培管理的差异,病虫害的危害等条件造成的。落花率高达 90% 以上。花开 24 小时后落花量最大,开花一周后花基本稳定。荚果发育以开花后第五天发育最快,日平均幼荚增长 1～2.8 厘米,占总成荚长度的 61%,开花 20 天左右花荚基本长成,荚形基本固定。

高温可致使花朵发育不良。汪自强等(1998)对四棱豆的开花特性和花荚脱落特性观察表明,不论播种期前后如何,花期基本一致,初花为 9 月 3 日,终花为 9 月 27 日,花期约为 24 天,盛花期为 9 月 6～15 日,花荚脱落主要集中在 9 月 6～20 日,因而四棱豆开花虽多,但坐荚率低。开花当天至花后第五天脱落率是 14.5%,第二天达到 55.4%,第三、第四、第五天各为 15.6%,13.5%,1.1%。因此,花脱落的临界时间是在开花后的第二天,占脱落的一半以上,坐荚率很低。开花初期营养生长仍占优势,由于养料供给失调,花蕾不能坐荚。开花盛期营养代谢最旺盛,其营养生长与生殖生长并进,单株分枝达 20～30 个,分枝日平均生长量 3～4 厘米,最快可长 12 厘米,日增叶 1～3 片,光合养分产物供应茎叶生长,开花结荚,块根膨大和根瘤固氮耗能 4 个"消费营养库"。致使花蕾,幼荚发育受阻。遏制花蕾脱落的主要措施是改善种植环境,调整养分供应,化控调节植株,减少养分消耗,主攻花荚结实。

高海拔地区能减少花蕾脱落。试验证明,在 4～5 月播种,在海拔 400～2 000 米的湖南省郴州地区种植落花现象有所减少,在华北低海拔地区的濮阳花朵脱落严重达 95％,后经科研人员攻关选育出的北方四棱豆品种对光照不敏感,使落花现象得到一定减少(表 3-6)。

表 3-6　四棱豆的花荚脱落

日期(月/日,5 天为一间期)	9/1～9/5	9/6～9/10	9/11～9/15	9/16～9/20
开花数(朵)	48	76	91	24
脱落数(朵)	6	41	76	44
脱落数占总结蕾数的比率(%)	2.3	15.9	29.5	17.1
日期(月/日,5 天为一间期)	9/21～9/25		9/26～9/30	9/1～9/30
开花数(朵)	16		3	256
脱落数(朵)	20		10	197
脱落数占总结蕾数的比率(%)	7.8		3.9	76.4

注:引自汪自强《四棱豆栽培实用技术》,1998 年

豆荚螟危害花和嫩荚,也造成花荚脱落。

利用植物生长调节剂保花保果。据试验,三十烷醇能促进四棱豆提早开花和增加结荚率,用 30 毫升/升 2,3,5-三碘

苯甲酸,1 000 微升/升乙烯利喷施植株,均可显著提高结荚率。使用方法:在四棱豆始花期和生长期选上述试剂,用酒精(或高度白酒)溶解后对水稀释至所需浓度,选择晴天 15 时后连续喷施 3 次,间隔时间 10～15 天。高海拔地区喷施比低海拔地区效果要好。

七、四棱豆的保护酶活性

植物体内过氧化物酶(POD)与植物生长发育有着十分密切的关系,其活性随着植株的生长、成熟和衰老发生规律性变化。超氧化物歧化酶(SOD)与作物的抗逆性有关,即作物处于逆境下,体内产生过量的活性氧(AOS),只有相应的增强超氧化物歧化酶(SOD)基因的表达才能解毒。超氧化物歧化酶(SOD)能快速催化超氧阴离子进行歧化反应生成 H_2O_2 和氧。H_2O_2 需立即清除,否则在 Fe^{3+} 螯合物的存在下,H_2O_2 易与 O_2 进行 Fenton 型 Haber weiss 反应产生羟自由基,后者对生物体的毒性比 H_2O_2 更强,它能直接攻击膜脂不饱和脂肪酸导致过氧化链式反应而破坏膜的正常功能(潘汝谦,1999)。超氧阴离子、H_2O_2 和羟自由基都是活性氧。H_2O_2 的清除酶有过氧化氢酶(CAT)和过氧化物酶(POD)等。需氧生物体内存在着一个以超氧化物歧化酶(SOD)为核心,过氧化氢酶(CAT)和过氧化物酶(POD)等协同作用的活性氧清除酶系统。在正常生理下,AOS 不断产生,同时也不断地被清除,植株体内处于动态平衡,因而不会对生物体造成损害。

陈东明等(1999,2003)研究表明,在不同的生育期四棱豆的过氧化物酶(POD)活性明显有差异,四棱豆叶片的过氧化物酶(POD)活力及比活力在生长发育过程中均呈增强趋势,尤其是结荚期过氧化物酶(POD)活力增加很快;不同生育期四棱豆叶片蛋白质含量相对稳定,仅在开花期稍微增加;在成熟期,随着叶片节位上升,叶片蛋白质含量呈上升趋势,过氧化物酶(POD)活力及比活力均呈下降趋势。不同节位四棱豆叶片中超氧化物歧化酶(SOD)活性表现出一定变化规律,即中部节位叶片中超氧化物歧化酶(SOD)活性较高。上部和下部节位叶片中超氧化物歧化酶(SOD)活性较低。不同节位四棱豆豆荚中超氧化物歧化酶(SOD)活性表现为下部节位豆荚超氧化物歧化酶(SOD)活性最强,随着结荚部位的升高而呈现降低趋势。同一节位四棱豆成熟种子中超氧化物歧化酶(SOD)活性普遍高于豆荚,其中植株下部节位种子超氧化物歧化酶(SOD)活性最高,但随着结荚部位的升高,超氧化物歧化酶(SOD)活性呈降低趋势。

第四章 四棱豆病虫防治

四棱豆有较强的抗病害能力,目前四棱豆多与其他作物或蔬菜间种或轮作,未发现严重的病害。我国发现的主要病虫害有病毒病、花腐病、果腐病、叶斑病、细菌性疫病、锈病、立枯病和蚜虫、红蜘蛛、豆荚螟、金龟子、蝼蛄、地老虎和蜗牛等。

第一节 常见病害

一、白星病

白星病为四棱豆的常见病,分布较广,发生也较普遍,多在夏、秋露地种植时发生,一般发病率在 30% 左右,重时达 60% 以上,可使部分叶片提早衰老坏死,在一定程度上影响生产量和蔬菜品质。

1. 病原 *phyllosticta phaseolina* Sacc 属半知菌菜豆叶点菌真菌。

2. 症状 此病主要侵染叶片,初期在叶片上出现紫红色放射小点,以后发展成中心白色到灰白色、边缘紫红色界限不明显的小斑,中央略陷,通常病斑大小为 2~5 毫米,后期在病斑表面产生少许褐色小点,即病菌的分生孢子器。条件适宜时,病斑稍大,可相互连接,有时可穿孔,终致叶片提前老化坏死。

3. 发病规律 病菌以分生孢子器和子囊壳随病残体越冬。翌年以分生孢子或子囊孢子借风雨传播,条件适宜时形成初侵染,发病后以分生孢子进行重复侵染。高温高湿有利于发病。四棱豆生长期气温 24℃~30℃,相对湿度 85% 以上,或多雨、多露容易发病。

4. 防治方法 ①收获后彻底清除病株残体,重病地块实行 2 年以上轮作。②生长期适时浇水,雨后及时排水,降低田间湿度。③精选无病种子和进行种子灭菌处理,必要时在发病初期选用 70％甲基托布津可湿性粉剂 600 倍液,或 50％扑海因可湿性粉剂 1 000 倍液,或 80％大生可湿性粉剂 800 倍液,或 40％多硫悬浮剂 400 倍液,或 45％特克多悬浮剂 1 000倍液喷雾。

二、果腐病

1. 症状 被害荚果初呈水渍状,后变褐色,逐渐向周围扩散,湿度大时,病部长出白色至浅粉红色霉状物。

2. 发病条件 四棱豆果腐病在高温高湿连作地、低洼地、黏土地借雨水或灌溉水传播,以菌丝体或菌核在土壤中或病残体内越冬,厚垣孢子可在土壤中存活 5～6 年或长达 10 年,成为主要侵染源,病菌从根部伤口侵入,后在病部产生分生孢子。

3. 防治方法 ①四棱豆植株高大,要注意栽植密度,必要时要疏枝,使之通风透光。②防治扁豆小灰蝶等蛀荚果害虫带菌侵染。③发病之初喷 50％多菌灵可湿性粉剂 800 倍液,间隔 10 天左右 1 次,连喷施 2～3 次即可。采收前 3 天停止用药。

三、细菌性疫病(叶烧病)

1. 症状 属黄单胞杆菌菜豆疫病致病变种细菌。为常见病,分布广泛,发生普遍。叶片多从叶尖或叶缘开始发病,初为暗绿色油浸状,发病温度 24℃～32℃,后扩大并变褐干枯。茎蔓显红褐色中央凹陷的溃疡状条斑。豆荚染病后出现褐色圆形凹陷病斑,湿度大时可溢出菌脓。

2. 发病条件 由野油菜黄单胞菌类菜豆疫病致病型引

起。病菌主要在种子或病株残体上越冬。带菌种子发芽后细菌便侵入子叶，引起幼苗发病，高温、高湿或氮肥过多及植株生长衰弱发病严重，病菌借雨溅或昆虫传播。春、夏两季都可发病，以夏、秋露地病情稍重，在一定程度上影响生产。

3. 防治方法 采用无病种子或按种子重量的 0.3% 用 50% 敌克松（或福美双）原粉拌种，实行两年以上轮作；加强雨后排水；发病初期可用 30%DT 悬浮液 500 倍液，或 14% 络氨铜水剂 300 倍液，或 50% 可杀得可湿性粉剂 500 倍液，或 72% 农用硫酸链霉素 3 000～4 000 倍液；20% 噻枯唑可湿性粉剂 800 倍液；用 25% 二噻农＋碱性氯化铜；或 100 万单位新植霉素水剂 4 000 倍液叶面喷洒。

四、根腐病

1. 症状 属半知菌镰孢霉真菌，是四棱豆的重要病害，种植四棱豆地区多有发生，保护地、露地都可以发病。主要侵害根部和茎基部，病部产生褐色或黑色斑点，发病时多由侧根蔓延至主根，致使整个根系腐烂，病株易拔除。病部纤维管束红褐色，病情扩展后向茎部蔓延，主根全部染病后，地上茎叶萎蔫枯死。湿度大时，病部产生粉红色霉状物。大部分孢子呈镰刀形至纺锤形，具有 2～5 个隔膜，多为 3 个。小型分生孢子卵圆形至长椭圆形，具 0～1 个隔膜，无色。

2. 发病条件 种子不带菌，病菌可在病残体或厩肥及土壤中存活多年，通过雨水及农事活动从伤口侵入，导致皮层腐烂。土壤湿度大、地面板结时易发病。是四棱豆的主要病害，发病率在 10% 以下，重病地块，病株可达 30%，明显影响生产。

3. 防治方法 ①播种前用种子重量 0.3% 的 50% 利克菌可湿性粉剂；或种子重量 0.3% 的 72% 福美双可湿性粉剂

拌种；也可以用种子重量 0.3％的 72％福美双与 70％土菌消可湿性粉剂等量混合拌种（注意：拌种前用水湿润种子）。②收获后彻底消除病残体，带到田外集中销毁。拌种前施用 50％多菌灵可湿性粉剂；或用 75％福美双可湿性粉剂；或用 70％土菌消可湿性粉剂 3～5 千克/667 平方米于种植沟内进行土壤灭菌。③ 主要轮作换茬，及时排水。发病初期，用 70％甲基托布津可湿性粉剂 500 倍液喷洒植株，用 50％多菌灵可湿性粉剂 1 000 倍液加 70％代森锰锌可湿性粉剂 1 000 倍液；或 14％络氨铜水剂 300 倍液灌根。

五、病毒病（花叶病）

1. 症状 病原为菜豆普通花叶病毒和菜豆黄花叶病毒（BYMV）。常见病，分布较广，发生较普遍。病株矮缩或叶片皱缩、扭曲，嫩叶色浓淡不均，叶片变厚发脆，显著变小。老叶在感病前已长成定型叶片，不表现症状。开花迟或落花。结荚少，品质较差。豆荚症状不明显，荚略短，有时出现绿色斑点。在高温 26℃以上条件下，植株容易表现矮化，花叶卷叶；18℃时，只表现轻微花叶。光照时间长或强度大时，症状明显，土壤中缺肥且干旱时发病重。

2. 发病条件 病毒在寄主体内存活越冬，由汁液通过蚜虫传染或农事操作接触摩擦传染病毒。光照超过 15 小时以上，温度 26℃以上，干旱缺水，管理粗放，施氮量大，植株弱小，发病严重。温度达到 56℃～60℃时致死。分布较广，个别年份发生较重，发病率在 20％以上，明显影响四棱豆的生产和品质。

3. 防治方法 ①选用抗病毒品种，比如濮棱 1 号、濮棱 008、早熟 2 号等品种。建立无病毒种子田。②防治蚜虫及螨类害虫。③加强田间精细管理。合理施肥，适时、适量浇水，调节小气候,增强植株抗病能力。④用20％病毒A可湿性粉剂500～800倍液,83增抗剂100倍液,或1.5％植病灵Ⅱ号乳剂1 000倍液喷施,或1％抗毒剂Ⅰ号水剂300倍液,每隔10天左右喷1次,连续防治3～4次即可。

六、立枯病(死苗病)

1. 病原 *Rhizoctonia solani* Kühn 称立枯丝核菌,属半知菌亚门真菌。有性世代:*Thanatephoma*(Frank)*Donk* 称瓜亡革菌,属担子菌亚门真菌。

2. 症状 立枯病是真菌病害。立枯病又叫死苗病,同猝倒病一样,在冬、春季节,常常大量死苗;刚出土的幼苗和大苗均能受害(猝倒病不能危害大苗)。四棱豆的中后期苗在茎基部产生椭圆形暗褐色病斑,早期白天病苗萎蔫,夜晚恢复,以后病斑逐渐凹陷,湿度大时,可看到淡褐色蛛丝状霉,但不显著。病斑根茎部一周后出现缢缩,逐渐干枯,夜晚也不能恢复,并继续失水,直至枯死。立枯病苗立着枯死,病部菌丝不显著,这两点可与猝倒病相区别。

3. 发病条件 病菌主要以菌丝体或菌核在土壤中或病株残体中越冬。病菌的腐生性很强,一般能在土壤中存活2～3年。适宜条件下,直接侵入寄主内危害。主要通过雨水、灌溉流水、农具、带菌的堆肥传播危害。立枯病生长温度在12℃～30℃,适宜温度17℃～28℃,高温、高湿有利于病菌的传播,立枯病发病条件与猝倒病很相似。在苗期管理不当,播种过密,种植间苗不及时,浇水过大或过多等原因,造成土壤湿度过大,即易发病。与猝倒病不同的是,立枯病发病需要较高的温度,只有较高温度的条件下才容易发病。立枯病侵染的最有利的时期是幼苗子叶营养耗尽时,真叶尚未抽出时,即由异养阶段到自养阶段的过渡时期,此时幼苗体内碳水化合物含量最少,抗病力最弱,故易感病。在生产上,立枯病发生多在豆苗中后期的春种移栽后,前期处于低温到中后期气温越来越高,有利于病害发生。

4. 防治方法 ①选择排水较好,未种过豆科及十字花科的生茬地上育苗。避免低湿低洼地栽培和未处理过的病害多的地块栽培。②在播种前 2～3 周,将苗床耙松,按每平方米苗床用福尔马林 50 毫升,加水 18～36 升(加水量按土壤干湿来决定),均匀浇在苗床上。然后用塑料薄膜覆盖在床土上。3～5 天后,再除去覆盖物,耙松床土。约经 2 周后,待药液充分挥发干净,再进行播种。③用 50％多菌灵或 50％托布津可湿性粉剂,每平方米用药 8～10 克;用 70％敌克松原粉每 667 平方米用药 500 克,再加细干土 20～25 千克,使用方法同上,亦可消毒土壤。④种子处理。播种前,种子用 48℃～59℃的温水浸种 10～15 分钟。或用 50％福美双可湿性粉剂,或用 65％代森锌可湿性粉剂,用药量为种子重量的 0.3％。上述方法均可消灭种子上携带的病原体。⑤在浇水或土壤湿度过大时,可撒干燥的草木灰数次。干燥草木灰有吸湿降低湿度的作用;有增加吸光能力,提高地温的作用;还有抑制病菌生长的功效。播种前施用"5406"菌肥,与土混合,对病害也有一定的抑制作用。⑥发现病苗后及时拔除烧毁或深埋。用 75％百菌清可湿性粉剂 600 倍液;64％杀毒矾可湿性粉剂 500 倍液;70％代森锰锌可湿性粉剂 500 倍液;70％敌克松可溶性粉剂 1000 倍液,交替使用,每 7～10 天一次,连喷 2～3 次。

七、胞囊线虫病(根结线虫病)

1. 危害症状 属南方根结线虫,病原线虫雌雄异形。四棱豆病株叶片变黄。花荚少,产量低,品质严重变劣。其根系不发达,根瘤少而小,有许多米粒大小的黄褐色颗粒,这就是四棱豆胞囊线虫的雌成虫,由于线虫破坏了须根表皮细胞并形成了线虫孢囊,根吸收养料的作用遭到破坏,致植株得不到营养供应,生长不良。严重地块可达80%以上感病率,常使病株早衰枯死,明显矮化,结荚少,长势弱,显著影响产量和质量。

2. 形态特征 四棱豆胞囊线虫属植物寄生线虫,胞囊线虫一生包括卵、幼虫和成虫3个阶段。由卵和幼虫在雌虫孢囊内生活。幼虫破壳入土,寄生在根中发育成成虫。土温17℃～28℃时发育和侵染最厉害。死亡的雌虫叫做孢囊。在土壤的孢囊中越冬,再随粪肥、残秸、风雨和流水在农事活动及其他流动中传播蔓延。雌虫以口器伤害四棱豆中小根茎。在温度22℃～25℃时24～27天发生一代,全年我国东北地区和华北地区多为三代,长江流域多见发生四代。如遇春旱发病严重。孢囊内虫卵存活3～4年,最长7～8年。

3. 防治方法 ①与禾谷非豆科作物轮作,病田种植玉米和水稻、高粱等作物,囊线虫可减少30%以上,是行之有效的农业防治措施。②在播种前15天,每667平方米用20%异硫磷颗粒剂2～3千克拌毒土,或用1.8%虫螨克乳油10～15升/667平方米,对水穴施或播种沟施,或用3%米乐尔颗粒剂45千克/667平方米,拌适量细土,开沟放入20厘米土中,覆土踏实。③每667平方米用3%克线磷5千克拌土后穴施,效果明显。④适时灌水,土壤湿度超过80%或小于50%,可使线虫窒息,减轻危害。

八、四棱豆药害

药害属非侵染性伤害,各地都时有发生,轻时对生产无明显影响,严重时显著影响产量和品质。

1. 症状 药害因药剂种类、施用方式不同表现各异。通常田间分布较均匀,在叶片上表现均匀受害,受害植株及叶片与着药剂量、施药部位直接相关。多在叶片上出现较均匀的黄点,或不规则浅褐色坏死斑,或沿叶缘黄化、变褐、坏死等,表现受害症状后一般不再发展。

2. 病因 形成药害的原因可能有几个方面:一是施用对作物高度敏感的药剂。如叶面喷洒有机磷(辛硫磷、敌敌畏)、铜制剂、抗菌素类等,施用后致植株叶片组织受伤害。二是过量或超量施用平时安全的药剂,施用浓度超过了作物忍耐剂量,致作物受药害。三是由于施药不均,使药剂在作物叶片等部位局部积累,受药超量如施用烟雾剂使距药源较近的植株局部药害;喷洒药液过多,药液存积,致叶片下凹处或叶缘受药害等。

3. 防治方法 根据造成药害的不同原因针对性采取预防措施,防患于未然。应采用以下方法:①选用对作物安全的农药防治病虫。②施药尽量避开作物对药剂敏感时期,一般苗期、花期较敏感,需特别注意。③准确掌握施药技术,严格按照规定浓度和用量配药,科学合理混合用药,稀释用水要选洁净清水。④作物在高温强光下,耐药力减弱,药剂活性增强,易产生药害,避免在炎热的正午施药。⑤及时采取补救措施。如果发现用错农药时,或使用对作物敏感的药剂施用量过大,可及时喷洒大量清水淋洗,并注意排灌。如发现作物已轻度受害,需加强管理,适当施氮肥,促进作物向正常生长发育方向发展。如受害严重,需及时浇水、中耕、增施磷肥、钾肥,促进根系发育,尽可能增强植株恢复能力。

4. 药害与病害有何不同 斑点型药害与生理性病害的区别在于前者在植株的分布往往没有规律性,全田亦表现有轻有重,而后者通常发生普遍,植株出现症状的部位也较一致。斑点型药害与真菌性病害也有所不同,前者斑点大小形状变化大,而后者具有发病中心,斑点形状较一致。

药害引起的黄化与缺乏营养元素而出现黄化相比,前者往往由黄叶发展成枯叶,阳光充足的天气多,黄化产生快;缺乏营养元素而出现的黄化阴雨天多,黄化产生慢,且黄化常与土壤肥力和施肥水平有关,在全田黄苗表现有一致性。与病毒引起的黄化相比,后者黄叶常有碎绿状表现,且病株表现系统性症状,病株与健株混生。

药害引起的畸形与病毒病害畸形的区别在于前者发生具有普遍性,在植株上表现局部症状,后者往往零星发病,表现系统症状,常见叶片混有碎绿、明脉、皱叶等症状。

药害枯萎与侵染性病害引起的枯萎症状比较,前者没有发病中心,且大多发生过程迟缓,先黄化,后死株,根茎输导组织无褐变,后者多是根茎部分输导组织堵塞,在阳光充足、蒸发量大时先萎蔫,后失绿死株,根基导管常有褐变。

药害引起的缓长与生理性病害的发僵和缺素症比较,前者往往伴有药斑或其他药害症状。而后者中毒发僵表现为根系生长差,缺素症发僵则表现为叶色发黄或暗绿等症状。

药害劣果与病害劣果的主要区别是前者只是病状,无病症,除劣果外,亦表现出其他药害症状;后者是多数有病状,而一些没有病症的病毒性病害,往往表现系统性症状,或不表现其他症状。

用二次稀释法可减少或避免药害的发生,让少量药液充分稀释均匀,提高防治病虫害效果。也就是把少量药液调成农药母液,然后再稀释成正常药液。

可湿性粉剂粉粒往往团聚在一起成为粗团粒,如果直接投入喷雾壶中一次配液,则团粒尚未充分分散,即沉入壶底;

再继续搅拌就很难充分稀释。胶悬剂在存放过程中易出现沉积现象,即上层逐渐变稀而下层变浓稠。高效农药用量少,每667平方米用量在1克或1毫升时,甚至更少时,分配到每个喷雾器中的用量更少;1次配制时,既不易准确取药称量,又难以稀释均匀。毒性较高的剧毒农药,一次稀释法有多次接触原药的机会,二次稀释法只有1次,中毒的可能性大大减少。

九、四棱豆风害

风害为非侵染生理伤害,北方地区春季保护地时有发生,风害损失随受害程度轻重而异。

四棱豆在结荚盛期(10月1~5日)温度急剧下降到结荚不能正常生长发育低限以下而受冷害。四棱豆受害无明显症状,一般不易发现,俗称“哑巴灾”。冷寒发生时当地温度一般都稳定在四棱豆正常生长的温度,其危害:①光合作用强度减少62%;②减少养分的吸收,氮为87%,磷为55%,钾为70%;③低温能妨碍光合产物和矿物质营养向生长器官输送,使四棱豆正在生长的荚果因养分不足而瘦小,品种退化或死亡。冷寒风可根据“霜冻防御措施”等方法进行防御。

1. 症状 风害与寒害表现类似,略有不同,在于寒害表现明显受害状需经相对较长时间,刚受害时叶脉间出现灰绿色不规则的水渍状斑,病斑下陷,背面略有光泽,以后形成相对独立的黄褐色低湿状坏死斑,边缘明显。风害多在很短时间内表现叶肉组织大面积不规则坏死,叶片多表现大片大片受害,坏死斑很像由许多碎小杂乱的小斑连接而成,水渍状表现过程很短或看不到,受害叶片多数被卷,短期内即坏死干枯。

2. 病因 寒害多因棚室内、外温差很大,小股寒冷气流侵袭植株,使部分叶片零星受害。风害亦是由大棚室内温、湿度较高,因较强冷风吹袭使许多植株短期内大面积受害。

3. 防治方法 ①加强苗期管理,培育壮苗,适时进行幼苗低温锻炼,增强幼苗抗寒能力。②根据气候变化规律,适时定植。保护地内增设天幕、小拱棚、纸被、寒冷纱等保温防冻。③大风天气通风必须缓慢开大通风口,防止寒风大量侵入造成寒害。大幅度降温时可临时性加温。④必要时在大幅度降温前喷洒植物抗寒剂。

十、四棱豆肥害

四棱豆也跟其他蔬菜一样,也会在肥料的使用过程中,因选择、用法、用量不当,对生态环境(如土壤环境、气体环境)产生不良影响,或直接对作物造成伤害(如高温灼伤、高盐倒吸等原因)而最终使作物减产,甚至绝收的现象。棚室种植四棱豆最容易引起肥害,菜农由于凭经验、习惯施肥,加之对肥料不够了解,造成肥害事故频繁发生。

氨害症状:受害叶初期出现水浸斑,向上卷曲,发展成叶片脱水,干萎下垂,严重时全部焦枝,芽萎缩干枯。根、茎部一般不失水,内部无任何受害症状。棚室内会出现刺鼻的气味,而且棚内为害程度有明显的区域差别,通风处植株受害较轻。严重时4~5天全温室植株死亡,造成绝产。

施肥多是穴施、沟施或撒施,肥害多是颗粒施肥、集中施肥造成的,而水冲施肥还未发现危害。氨害生产中主要是土壤对铵根离子(NH_4^+)吸收能力有限,铵态氮浓度过大。土壤中微生物的作用下出现铵态氮过剩,土壤中铵态氮的硝化受到抑制,氨的挥发也将加重。土壤中的有机肥料在分解过程中也能产生大量的氨气,并向空气中挥发。

当棚室内空气中氨气的浓度达到 0.1% 以上时,就能危害四棱豆。在晴天气温高,苗期或生长期,1～2小时就可能导致死亡。农家肥要充分腐熟后再施用。尽量避免使用碳酸氢铵、硫酸铵、氯化铵等肥料或以其做原料的复混肥或有机肥。一般应选择化学性质稳定的复合肥施用。如果发现有较轻氨害时,可及时通风并全面喷施1%白醋,或用40%赤霉酸水溶性粒剂1 500倍液喷施;或用纵横都长(植物细胞活力醇)20克对水100升冲施,或20克加20～30升水喷施;或0.001 6%芸薹素内酯水剂(金云大120)对水50升喷施;或10%及时雨20克对水20～30升喷施;或用解害灵25毫升对水15升喷施3天,可恢复生机。

十一、四棱豆白粉病

属子囊菌亚门真菌。

1. 症状 四棱豆白粉病主要危害茎蔓、叶和荚。叶感病初期,叶背面出现黄褐色斑点,扩大后呈紫褐色斑,覆上一层稀薄白粉,沿叶脉逐渐扩展至全叶,严重时叶面枯黄,引起大量落叶。菌丝体生于叶两面、叶柄和茎藤上,果荚成熟时,菌丝体逐渐消失。

2. 发病条件 病菌以闭囊壳在土表病残体上越冬,翌年条件适宜时散出子囊孢子进行侵染。发病后,病部产生分生孢子,靠气流传播进行侵染,扩大危害。南方温暖地区病菌很少形成闭囊壳,以分生孢子辗转传播为害,无明显越冬现象。北方寒冷地区则以菌丝体寄生在多年生植物体内,以闭囊壳在病残体上越冬。产生子囊孢子,进行初侵染。在潮湿、多雨、田间积水、干旱,植株生长不良的弱株易侵染,发病较重。

3. 防治方法 ①选择抗病品种。②及时清除病残体,集中深埋或烧毁,提倡施用沤制好的堆肥或充分腐熟的有机肥,或采用配方施肥。③在发病初期喷洒2%武夷菌素水剂200

倍液。或用12.5%速保利可湿性粉剂2 000～2 500倍液,或30%碱式硫酸铜悬浮剂300～400倍液,或20%三唑酮乳油2 000倍液,或25%敌力脱乳油4 000倍液,或40%福星乳油9 000倍液喷洒。采收前7天停止用药。

第二节　虫害防治

一、豆荚螟

属鳞翅目螟蛾科。又叫豆蛀虫、红虫、豆荚蛀虫等。

1. 危害状况　四棱豆的主要虫害之一。可蛀食花蕾与豆荚,在豆荚内取食豆粒,使豆粒残缺,甚至将豆粒吃光,荚内及蛀孔外堆积粪粒。受害豆荚味劣质差,不堪食用。严重危害时蛀荚率达70%以上。

2. 形态特征　成虫体长13毫米,翅展24～26毫米,暗黄褐色。卵扁平椭圆形,淡绿色,有六角形网纹。老熟幼虫长18毫米,头和胸背褐色,体黄绿色。蛹长13毫米,黄褐色。

3. 发生规律　在华北地区年发生3～4代,华中地区4～5代,华南地区7代,以蛹在土中越冬。每年6～10月为幼虫危害期。成虫有趋光性。卵散产于嫩荚、花蕾和叶柄上,卵期2～3天。幼虫共5龄,初孵幼虫蛀入嫩荚或花蕾取食,造成蕾、荚脱落;3龄后蛀入荚内食害四棱豆粒,每荚1头幼虫,少数2～3头,被害荚在雨后常致腐烂。幼虫亦常吐丝缀叶为害。幼虫期8～10天。老熟幼虫在叶背主脉两侧做茧化蛹,亦可吐丝下落土表或落叶中结茧化蛹,蛹期4～10天。四棱豆豆荚螟对温度适应范围广,7℃～31℃都能发育,但最适温度为28℃,相对湿度为80%～85%。

4. 防治方法　①用作物轮作方式,提高土壤湿度,降低幼虫化蛹率。②在四棱豆田内设黑光灯,诱杀成虫。③植株盛花期喷药,一般宜在上午植株开花时喷药,喷洒重点部位是花蕾、花朵和落荚,连续喷3~4次,每隔7~10天喷1次。可选用杀螟杆菌500倍液,杀螟松、敌敌畏乳油800~1 000倍液,或10%除虫精25毫升加水40升喷施。或用90%敌百虫晶体800~1 000倍液,每隔10天左右喷1次。

5. 特色防治 ①丝瓜制剂:用丝瓜加水适量,捣烂后滤出原液,以1:2的量加水稀释混调均匀,加少量肥皂水即可喷施。②大葱制剂:大葱1千克加水0.4升捣烂取汁,1升原汁加水6升,搅匀后喷雾。

二、豆 蚜

属同翅目蚜科,全国分布。

1. 危害状况 四棱豆苗期到花荚期豆蚜为害嫩梢和嫩叶,严重时还危害幼荚。使叶片卷缩发黄,嫩荚变黄,品质变劣,严重时影响四棱豆生长,造成减产。

2. 形态特征 有翅胎生雌蚜体长1.5~1.8毫米,翅展5~6毫米,墨绿色带有光泽,无翅胎生雌蚜体长1.8~2.0毫米,黑色或黑色带光泽,触角第三节无感觉圈;腹管较长,末端黑色。

3. 生活习性 每年以5~6月份和8~9月份危害四棱豆较重,适宜温度24℃~26℃,相对湿度60%~70%,每头无翅胎生雌蚜可产若蚜100多头,因此极易造成严重危害。

4. 防治方法 可喷洒20%康福多高浓度可湿性溶剂4 000倍液,或2.5%保得乳油2 000倍液,50%辟蚜雾可湿性粉剂2 000倍液,10%吡虫啉可湿性粉剂2 500倍液。或用2.5%溴氰菊酯乳油2 000~3 000倍液,或20%甲氰菊酯(灭扫利)乳油2 000倍液,或20%氰戊菊酯(速灭杀丁)乳油

2 000～3 000 倍液喷雾防治。

5. 特色防治 ①尿洗合剂：用洗衣粉、尿素、水按质量比1∶4∶400 的比例配成水剂，杀虫率高达98％，还有根外追肥的作用。②辣瓜合剂：用韭菜、南瓜叶、新鲜辣椒各 1 千克，加少量洗衣粉混合捣成糊状后对水 15～50 升，待澄清后用过滤液喷雾，防治效果达 95％左右。

三、茶 黄 螨

属蜱螨目跗螨科。全国分布，主要为害豆科等蔬菜。

1. 危害状况 四棱豆茶黄螨在河南省濮阳地区 7 月份开始危害叶片、花蕊和嫩荚。被害叶片增厚僵直，变小变窄。叶片背面变黄褐色或灰褐色，叶缘向背面卷曲，花蕾畸形或不能开花，豆荚受害变黄褐色，荚面变粗糙至龟裂，品质变劣。

2. 形态特征 茶黄螨又名侧多食跗线螨、茶半跗线螨、嫩叶螨。雌成螨长约 0.21 毫米，椭圆形，淡黄色至橙黄色，半透明，有光泽。雄成螨长约 0.19 毫米，近菱形，末端为圆锥形。卵长约 0.1 毫米，卵圆形，无色透明。幼螨为倒卵形，体长约 0.11 毫米，乳白色，头胸部和成螨相似。若虫为长椭圆形，长约 0.15 毫米，首尾呈锥形，体白色，不透明。

3. 生活习性 茶黄螨在南方以成雌螨越冬。在北方以为害温室蔬菜为主，可终年生长繁殖。茶黄螨的繁殖速度快，在20℃～30℃条件下 4～5 天就可繁殖 1 代，每年可发生25～30 代，茶黄螨靠爬行、风力、人为携带等或菜苗转移而扩散蔓延。

4. 防治方法 ①及时清除菜园杂草、枯枝落叶，进行高温堆肥或烧毁，消灭越冬虫源。②四棱豆移苗前，嫩茎和幼荚期喷施73％克螨特乳油 1 000 倍液或 25％灭螨锰可湿性粉剂 1 000～1 500 倍液，或浏阳霉素乳油 1 000 倍液，或 20％虫螨克乳油1 000～1 500倍液,或1.8％齐螨素(爱福丁)乳油2 000～3 000倍液喷雾。对不同发育期的螨,其抗药能力有差异,连续喷药才有好效果。③35％杀螨特乳油,40％水胺硫磷乳油,20％哒嗪硫磷乳油,一般每10～14天喷1次,连续喷施2～3次,采收嫩荚前两周禁用农药。

5. 特色防治 ①虫螨藤杀虫剂:利用多种中草药和野生植物中提取的有效成分稀释1 000～1 200倍进行喷施,效果不错。虫螨藤还含有铁、锌、钾和氮等多种元素,施用后可提高产量,促进作物生长。②释放智利小植绥螨防治茶黄螨效果不错。按1:10的益害比进行有力防治。

四、马铃薯瓢虫

属半翅目瓢虫科,又名二十八星瓢虫。主要分布在华北、西北和华中地区,为害豆科蔬菜。

1. 危害状况 马铃薯瓢虫危害四棱豆取食叶片、嫩梢和幼荚。被害的叶片仅留叶脉及上表皮,形成许多不规则透明的凹纹,后变成为褐色的斑痕。严重时导致叶片枯萎,咬食的荚出现许多凹纹,逐渐变硬,并有苦味,丧失食用价值。

2. 形态特征 成虫体长7～8毫米,半球形,赤褐色,密被黄褐色细毛。卵长1.4毫米,纵立,鲜黄色,有纵纹。幼虫体长约9毫米,淡黄褐色,长椭圆状。蛹长约6毫米,椭圆形,淡黄色,尾端包着末龄幼虫的蜕皮。

3. 生活习性 在华北年发生2代,6～7月份第一代幼虫发生,6月上中旬为产卵盛期。7月中下旬为化蛹盛期,8月上旬为羽化盛期。9月中旬成虫产卵。10月上旬开始越冬。成虫以上午10时至下午4时最为活跃,午前多在叶背取食,下午4时后转向叶面取食,成虫和幼虫有残食同种卵的习性,成虫假死性强,越冬代每雌虫产卵400粒左右。第一代每只雌虫产卵 240 粒左右。卵期第一代约 6 天,第二代约 5 天,幼虫发育历期第一代约 23 天,第二代约 15 天,幼虫老熟后多在植株基部茎上或叶背化蛹,蛹期第一代约 5 天,第二代约 7 天。

4. 防治方法　①人工捕捉成虫。利用成虫假死习性,用盆承接并叩打植株使虫坠落,收集灭之。②人工摘除卵块。此虫产卵集中成群,颜色鲜艳,容易发现,易于摘除。③要抓住幼虫分散前的有利时期,可用灭杀毙(21%增效氰马乳油)3 000 倍液;20%氰戊菊酯或 2.5%溴氰菊酯 3 000 倍液;10%溴马乳油 1 500 倍液;10%赛波凯乳油 2 000 倍液;50%辛硫磷乳油 1 000 倍液;2.5%功夫乳油 2 000 倍液等,共防治 2～3 次。摘荚前 5 天禁止使用农药。

5. 特色防治　①苏云金杆菌天门变种 7216 菌剂原剂,每 667 平方米 10 千克,效果在 37.5%～100%。②小卷蛾线虫对马铃薯瓢虫防治:把小蛾线虫制成水剂喷施在四棱豆植株上,按每平方米 20 万条,进行防治。6～8 天后校正虫口减退率分别为 73.7%和 94.1%。

五、地　老　虎

属鳞翅目夜蛾科。又名地蚕、土蚕。全国性分布。

1. 危害状况　几乎可为害各种名、特、优、稀蔬菜幼苗。地老虎食性极杂,是多食性害虫。可危害四棱豆幼苗茎基部和根,使整株死亡,造成缺苗断垄,严重时造成毁种减产或咬食块茎。

2. 形态特征　①小地老虎:成虫体长 16～23 毫米,翅展 46～53 毫米,体暗褐色,雌蛾触角丝状,雄蛾栉状。幼虫:老熟幼虫体长 37～47 毫米。体形略扁,全体为黄褐色至暗褐色。②大地老虎:成虫体长 20～25 毫米,褐色,幼虫末龄体长

41～60 毫米,体表多皱纹,颗粒不明显。③黄地老虎:成虫体长 14～19 毫米,黄褐色或灰褐色,末龄幼虫体长 32～42 毫米,体表颗粒不明显。

3. 发生条件　①小地老虎生活习性多适于环境潮湿,土质疏松含水量 15%～25%,相对湿度 73%,温度 10℃～16℃时活动最旺盛。25℃～30℃寿命缩短,夜间、阴天微风活动最盛,行动敏捷,食量大,密度大时有自残性,受惊缩成环形,大幼虫有假死性,对黑光和糖醋酒物质有趋性。幼虫期 30～40 天,老熟潜入土下 5～6 厘米做室化蛹,蛹期 12.4～17.9 天,成虫寿命 10～12 天。管理粗放、杂草多时危害严重,平均每雌蛾产卵 800～1 000 粒,卵期 4～10 天不等。江南一带 6～7 代,华北地区 3～4 代,东北地区 2～3 代,在全国各地每年发生危害都不一样。②大地老虎:一年发生 1 代,以幼虫越冬,翌年 4～5 月份与小地老虎同时混合发生危害。有越夏习性,9 月份化蛹,成虫喜欢食蜜糖,卵产于植物近地面的叶片上或土块上。③黄地老虎:东北地区发生 2 代,西北地区发生 2～3 代,华北地区发生 3～4 代,均以幼虫在 10 厘米以上的表土层内越冬。以春、秋两季作物受害重。多发生于四棱豆抽蔓与花荚盛期。

4. 防治方法　①利用黑光灯或蜜糖液诱蛾器。在华北地区自 4 月 15 日至 5 月 20 日设置。②发现 1～2 龄幼虫,应先喷药除草后进行高温沤制处理。③用糖 6 份,醋 3 份,白酒 1 份,水 10 份,90% 敌百虫 1 份调匀,在成虫发生期,调入发酵变酸的蜜糖液进行诱杀成虫。④选择灰菜、刺儿菜、苦荬菜、小旋花、苜蓿、艾蒿、青蒿、白茅、鹅儿草等杂草堆放,集中诱杀地老虎幼虫,或人工捕捉,或拌入药剂毒杀。⑤地老虎 1～3 龄幼虫期抗药性差,且暴露在寄生植物或地面上,是药剂防治的适期。喷洒 40.7%毒死蜱乳油每 667 平方米 90～120 克,对水 50～60 升,或 2.5%溴氰菊酯或 20%氰戊菊酯 3 000 倍液,20%菊马乳油 3 000 倍液,10%溴马乳油 2 000 倍液,90%敌百虫 800 倍液,或 50%的辛硫磷乳油 800 倍液。

5. 特色防治 ①卫生球:每 10 升水加 2 粒研成细末的卫生球(臭球)粉,待溶解稀释后可喷在四棱豆植株或浇于根部,防治地老虎效果好,10 天后再防 1 次,防效达 98%以上。②茄瓜叶合剂:将番茄叶、苦瓜叶、黄瓜茎叶混合捣烂,加清水 2～3 倍浸 5～6 小时,取上层清液喷施或浇根,可有效防治地老虎。

六、蝼 蛄

属豆翅目蝼蛄科。蝼蛄也叫土狗子、拉拉蛄、地狗子、水狗等。分布较广。食性很杂。在我国发生的蝼蛄主要是东方蝼蛄和华北蝼蛄两种。

1. 危害状况 主要危害蔬菜的种子和幼苗。蝼蛄成虫和幼虫可在土中咬食刚播下的种子和幼苗,会把根咬成麻状,致使幼苗倒伏或凋枯而死;除危害作物外,还在土壤表层造成纵横交错的隧道,使幼苗根部与土壤分离失水而枯死。在保护地栽培的温室、大棚、苗圃、苗床,由于温度较高,蝼蛄活动早,小苗又集中,受害更严重,往往造成缺苗、断垄,甚至全田毁种。

2. 形态特征 成虫:体呈纺锤形,黄褐色或灰褐色,眼小,头小,触角较短。若虫:形似成虫,头小,腹部肥大。卵:椭圆形,初产时有光泽并呈黄白色,后变褐色,孵化前暗紫色,略膨大。

3. 生活习性与发生条件 在北方地区二年发生 1 代,南方地区一年 1 代,以成虫或若虫在地下越冬。清明后地温上升在地表活动,在洞口可顶起一个小虚土堆。5月上旬至6月中旬是蝼蛄最活跃时期,6月下旬到8月下旬天气炎热,转入地下活动,9月上旬气候凉爽,危害活动最盛。早春和晚秋昼伏夜出,21℃~23℃时活动最活跃,危害性更大。蝼蛄有趋光性,对香甜食物及马粪有强烈趋性。地温15.2℃~19.9℃,土壤含水量在20%以上,土层10~20厘米活动最适宜,危害性更大。土层含水量小于15%,温度大于20℃以上时活动减弱。凡是湿润疏松含腐殖质或有机质多的土壤,适于蝼蛄活动为害,黏土、低洼地发生危害较小。

4. 防治方法 ①在10 000平方米面积内,选2~3点。每点1平方米,掘地深30~70厘米,寻找幼虫,一般1平方米0.3头虫时为中等发生,1平方米有0.5头时为严重发生。②精耕细作,不施入未腐熟的有机肥。轮作换茬。早春查找杀死害虫,夏季消灭害卵,或用马粪、灯光诱杀,在田间挖30厘米见方、深20厘米的坑,内堆湿润马粪并盖草,每天清晨捕杀蝼蛄。③毒饵诱杀:用敌百虫0.1千克,豆饼或玉米面5千克,水5升。豆饼粉碎炒熟,将敌百虫溶于水和豆饼拌匀撒入畦面。每667平方米用量1.5千克。④药剂防治:在蝼蛄危害严重田块每667平方米用5%辛硫磷颗粒剂1~1.5千克均匀撒于地面后进行耙地,或撒于播种沟内。蔬菜受害严重时,可用80%敌敌畏乳油30倍液灌洞杀死成虫。

5. 特色防治 ①蓖麻叶:将蓖麻叶碾成细粉,按一定比例拌入土杂肥撒施到四棱豆田中,可防治地老虎蛴螬和蝼蛄等地下害虫。②闹羊花:将闹羊花晒干,磨成细末,每50克加水50升,浇在四棱豆根部。

七、蛴 螬

蛴螬是鞘翅目金龟科幼虫的总称,成虫称金龟子等。分布普遍。

1. 危害状况 蛴螬主要在地下为害,咬断幼苗根茎,切口整齐,造成幼苗枯死,或蛀食块根,造成孔洞,使作物生长衰弱。咬食之伤口有利于病菌的侵入,诱发其他病害。成虫还为害地上部叶片、荚果、花蕊,造成减产和降低品质。

2. 形态特征 常见的有大黑鳃金龟子、暗黑鳃金龟子、铜绿丽金龟子等。成虫体长 16~21 毫米,体宽 8~11 毫米,长椭圆形,黑色或黑褐色,有光泽。幼虫:老熟幼虫体长 35~45 毫米,身体弯曲,多皱纹,头部黄褐色,胸腹部乳白色。蛹:体长 21~23 毫米,裸蛹,初为白色,最后变橙黄色,一般体长与成虫大小相仿,卵:初产时长椭圆形,长 2~3 毫米,乳白色,表面光滑,孵化前呈球形,壳透明。

3. 生活习性与发生条件 在我国北方地区 1~2 年 1代,以幼虫和成虫在土中越冬,5~7 月成虫大量出现。成虫有假死性和趋光性,对未腐熟的厩肥有强烈的趋性。晚 8~9时活动取食和交配最活跃,交尾后 10~15 天开始产卵,每雌虫可产百粒左右,多产于疏松湿润的土壤中,以浇水地最多。卵期 15~22 天,幼虫期 340~400 天,蛹期约 20 天。一般当10 厘米土层温度达 5℃时,上升至土表层,13℃~18℃时活动和危害最大,23℃以上时往深土移动,土壤湿润、小雨连绵天气危害加重。土壤水分含量高于 20% 或低于 10% 幼虫不能存活。金龟子(蛴螬)喜食四棱豆叶、荚;加上四棱豆长势茂盛,环境适宜,成虫易隐蔽,就地产卵,初孵幼虫可得到丰富的食料,所以四棱豆发生危害较严重。成虫对谷子嗜好较差,加之谷根硬,少分蘖,不利于幼虫取食,不能诱集大量的成虫产卵。

4. 防治方法 ①在 10 000 平方米的面积内,选 2~3 个点,每点 1 平方米,掘地深 30～70 厘米的坑,仔细寻找幼虫,一般 1 平方米 1 头虫时为轻度发生,3 头以上时为重度发生。②多施腐熟有机肥,春或秋两季深翻地,使幼虫冻死、机械杀伤及天敌捕食,一般可降低虫量 15%～30%。③用 40 瓦黑光灯距地面 30 厘米,灯下设置放入少量煤油的水盆,晚间开灯。在成虫发生盛期每 30 000 平方米面积放一盏即可。④药剂防治:在蛴螬成虫发生盛期,可用 90% 敌百虫 800～1 000 倍液喷雾,或用该药 100～150 克/667 平方米拌毒土撒施地面;用 50% 辛硫磷乳油拌种子可以消灭幼虫;药：水：种子的比例为 1：50：600,闷种子 3～4 小时,中间翻动 1～2次,待种子吸干药液后立即播种;或用 25% 西维因可湿性粉剂 800 倍液,每株灌根 150～250 克,可杀死根际幼虫;也可以用 50% 辛硫磷或 90% 敌百虫溶液用同样的方法效果也不错。

5. 特色防治 ①茶籽饼:用茶籽饼 15～20 千克,捣碎成细粉,加水沤烂(1 周左右),加草木灰 50 千克拌匀,同化肥混合作基肥施用,效果不错。②闹羊花:称取 4～5 千克鲜闹羊花掺在 1 000～1 500 千克鸡粪(大粪)中沤制 7～8 天,作基肥施用。

八、美洲斑潜蝇

属双翅目潜蝇科。全国除内蒙古、新疆、西藏等地外,均有分布。在北方可为害 130 多种蔬菜。多种豆类蔬菜受害严重。

1. 危害状况 美洲斑潜蝇以幼虫和雌成虫危害四棱豆的叶片和荚果。幼虫取食叶片内栅栏组织,残留白色上表皮,虫道逐渐加长变宽,食叶片上的表皮,舔食叶汁,使叶片留下许多白色斑痕,刺孔破坏叶肉细胞和叶绿素,削弱叶片的光合作用,同时,由于叶片有伤口,容易使病菌侵入,造成病害发生和流行。该虫危害果实时,荚果留下白色斑点和虫道,叶子背面虫量较少。一般减产 30%,严重的甚至绝收。一般取食潜道长 6～8 厘米。

2. 形态特征　成虫小,体长 1.3～2.3 毫米,浅灰褐色,胸背板亮黑色,体腹面黄色,雌虫体比雄虫大。卵米黄色、半透明,体长 0.2～0.3 毫米×0.1～0.15 毫米。幼虫蛆状,初无色,后变为浅橙黄色至橙黄色,长 3 毫米,后气门呈圆锥状突起,顶端三分叉,各具 1 开口。蛹椭圆形,橙黄色,腹面稍扁平,体长 1.7～2.3 毫米×0.5～0.75 毫米。

3. 生活习性　美洲斑潜蝇一年发生 10～11 代,1 代需要 15～30 天,世代重叠现象严重。6～7 月份蝇量最多。卵期 2～5 天,幼虫期 4～7 天,蛹期 7～14 天羽化成为成虫,露地出现 6～7 次蝇峰。

4. 防治方法　①轮茬或间作套种,适当疏植,清洁田间残体沤制和烧毁。②在成虫危害盛期,每 667 平方米设 15 个诱点诱杀成虫。③利用天敌进行生物防治。利用小花蝽、蓟马或释放小蜂、反颚茧蜂、潜蝇茧蜂等。④科学用药。在受害作物叶片有幼虫 5 头时,掌握在幼虫 2 龄前(虫道很小时),喷洒 98%巴丹原粉 1 500 倍液或 1.8%爱福丁乳油 3 000 倍液,48%乐斯本乳油 800～1 000 倍液,25%杀虫双水剂 1 500 倍液,98%杀虫单可湿性粉剂 800 倍液,1.8%虫螨克乳油 2 500 倍液。此外,提倡施用 0.12%天力Ⅱ号可湿性粉剂 1 000 倍液,405 绿菜宝乳油 1 000 倍液,1.5%阿巴丁乳油 3 000 倍液,20%康福多溶液,5%抑太保乳油 2 000 倍液。防治时间掌握在成虫羽化高峰的 8～12 时效果好。此外还可用 5%氟虫清悬浮剂、5%氟虫脲乳油、5%氟啶脲乳油等。

5. 特色防治　①闹羊花:用 2 千克鲜花捣烂或 0.3～0.5

千克干花(磨成细末)对水 50 升浸泡 24 小时后,即可喷施。
②烟叶:烤焦以后研成细粉,放在加糖或啤酒的米粥内,诱杀斑潜蝇。

九、白 粉 虱

属同翅目粉虱科。南方部分地区发生,北方地区广泛分布,为害 100 多种蔬菜和花卉。

1. 危害特点 成虫和若虫吸食植物叶汁,被害叶片褪绿、变黄、萎蔫,甚至全株枯死。由于白粉虱繁殖力强而快,种群数量大,并分泌大量蜜露,严重污染叶片和果荚,诱发煤污病大发生。还传播多种病害。

2. 形态特征 雌成虫体长 1.0～1.6 毫米,雄成虫略小,虫体淡黄色,体面和翅面覆盖白色蜡粉。

停息时双翅在体背合成屋脊形(如蛾类),翅端遮住整个腹部。卵:卵长 0.20～0.26 毫米,侧面观为长椭圆形,有卵柄,柄长 0.02 毫米,从叶背的气孔插入植物组织中。初产卵为淡绿色,微覆蜡粉,孵化前变成黑色,微具光泽。若虫:若虫扁平,椭圆形,为淡黄色或黄绿色。若虫在发育过程中初期体扁平,逐渐加厚呈蛋糕状,中央略高,黄褐色,后体背有长短不齐的蜡丝,体侧有刺。

3. 生活习性 在 18℃历经 31.5 天,24℃历经 24.7 天,27℃时历经 22.8 天。在 24℃时各种形态发育历期为:卵期 7天,1 龄期 5 天,2 龄期 2 天,3 龄期 3 天,伪蛹期 8 天,每雌虫产卵数可多达 300～400 粒,存活率可达 85％,经一代种群数可增加 140～150 倍。繁殖适温 18℃～21℃,在生长温室条件下,约 1 个月完成 1 代,在温室中一年发生 10 代,通过温室开窗通风或菜苗向露地移植而使白粉虱迁入露地,露地一年发生 6 代,夏季的高温多雨抑制作用不明显,到秋季数量达高峰。在北方由于温室和露地蔬菜生产紧密衔接和相互交替，可使白粉虱周年发生。

4. 防治方法 ①种植耐寒性的作物，比如芹菜、茼蒿、芫荽、菠菜、油菜、蒜苗等白粉虱不喜食而又耐低温的蔬菜，可免受此虫危害。②在棚室通风口设置避虫网（20～24目的尼龙纱网），防止外来虫迁入，结合整枝打杈，摘除带虫老叶携出棚外烧掉，熏杀残余成虫。发生虫害严重时，棚室附近种植白粉虱不喜食的作物。③将涂有机油的黄色板诱杀白粉虱成虫，或用丽蚜"黑蛹"每株3～5头，每隔10天左右放一次，共放3～4次，寄生率可达75％以上，效果良好。④用烟雾剂熏杀：每667平方米棚田每次用灭蚜宁330克（Ⅰ号220克，Ⅱ号110克），或蚜虱一熏净烟剂，或虱蚜克烟剂300～400克，于傍晚闭棚熏烟，可杀灭成虫和若虫。7～8天熏1次，连续熏杀3次。⑤喷药防治：用10％吡虫威乳油对水400～600倍液。扑虱灵（又名灭幼酮），亚乐得，优乐得，有效成分噻嗪酮25％可湿性粉剂1 500倍液或10％扑虱灵乳油1 000倍液喷施。对白粉虱有特效，能杀灭虫卵、若虫、成虫。尤其用烟剂熏杀之后3～4天，及时喷雾，防效率可达100％。也可选用50％克蚜宁乳油1 500倍液，25％甲基克杀螨（灭螨猛）乳油1 000倍液，20％康福多浓可溶剂4 000倍液，10％除尽乳油2 000倍液或10％大功臣可湿性粉剂，每667平方米用有效成分2克，喷药后持效期可达20～30天。也可采用菊酯类农药，如2.5％天王星（联苯菊酯）乳油2 000倍液，20％灭扫利（甲氰菊酯）500倍液，2.5％功夫（高效氯氟氰菊酯）乳油2 000倍液，2％灭杀毙（增效氰·马乳油）3 000倍液，每隔5～7天喷洒1次，连续防治3～4次，均有较好的效果。由于白粉虱世代重叠，在同一作物上同一时间存在各种虫态，而当前采用的药剂大多不是对所有虫态都有效,所以,药剂防治上必须连续几次用药,方可取得良好的防治效果。

十、蜗　牛

属软体动物门,腹足纲,柄眼目,蜗牛科。主要为害食用菌,影响其产量和质量。

1. 危害状况　蜗牛食性杂,主要危害四棱豆的幼荚、嫩叶、嫩梢,严重时造成缺苗断垄。

2. 形态特征　蜗牛俗称水牛。我国有两种:同型巴蜗牛和灰巴蜗牛。其区别如表 4-1。

表 4-1　灰巴蜗牛与同型蜗牛的区别

类　别	同型蜗牛	灰巴蜗牛
壳高(毫米)	12	19
壳宽(毫米)	16	21
螺　层	5～6 层	5～6 层
壳口形状	马蹄形	椭圆形
脐孔形状	圆孔形	缝状

3. 生活习性与发生条件　一年 1 代。越冬蜗牛在南方 3 月初即开始取食危害,4～5 月成贝交尾产卵,并危害大量作物。到了夏季干旱时便隐蔽起来,不食不动并用白膜封口。干旱季节过后又继续危害秋季作物。11 月下旬进入越冬状态,在北方地区春季活动晚 1 个月,进入冬眠早 1 个月。在保护地内发生更早,危害期更长。蜗牛为雌雄同体、异体受精,也可自体受精。个体都能产卵,自 3～10 月份、4～5 月份或 9 月份产卵量最多,卵期 14～31 天。蜗牛喜阴湿,多产卵在湿润疏松土壤表层或枯叶中,干旱时卵在翻地表时,不能孵化或爆裂。昼伏夜出。雨后爬出来为害。若头一年 9～10 月雨量

较大,翌年春季高温多雨,则会大发生。干旱年份发生较少。

4. 防治方法 ①地膜覆盖,清除残株,深翻整地及时中耕;雨后晴天除草、松土可杀死部分蜗牛。②每 667 平方米用 5～7.5 千克石灰粉或茶枯粉 3～5 千克撒在作物附近,可防治蜗牛为害。③可用 8% 灭蜗灵颗粒剂,或 10% 多聚乙醛颗粒剂,每平方米撒 1.5 克,或氨水 70～100 倍液,喷洒消灭蜗牛。

5. 特色防治 ①猪胆液防治:以 10% 的猪胆液加适量的小苏打、洗衣粉喷施,驱赶豆角上的蜗牛。②用 5%～20% 食盐水于傍晚喷洒四棱豆田中,可杀灭蜗牛。

十一、尺蠖（量尺虫、造桥虫、吊丝虫）

1. 危害状况 尺蠖初孵幼虫啃食花芽、嫩叶、梢和幼荚。1～2 龄幼虫仅食叶肉,残留表皮;3～4 龄食叶出现缺刻;5～6 龄危害叶梢和花荚,多食菜汁。主要分布在北京、河北、山东、浙江、四川、广西、贵州等地,危害多种豆科蔬菜。

2. 形态特点 尺蠖属鳞翅目,尺蛾科。成虫前翅有数条黑褐色波状纹,外缘有 7 个小黑点,全翅散布黑褐色的短纹;后翅有一条黑横纹与外缘平行排列,卵椭圆形扁平,淡绿色,后变为暗紫色;幼虫初为绿色,后变灰褐色,老熟时体长 35 毫米,翅展 23～25 毫米,有 3 对胸足,2 对腹足。蛹长 17 毫米,卵长约 0.6 毫米,为紫褐色,外披灰褐色薄茧。

3. 生活习性 一年发生 4～5 代,在河南省濮阳地区年发生 4 代,长江流域年发生 5～6 代。蛹入土或在枯枝残叶中越冬,翌年 4 月份开始羽化,6 月上旬、7 月下旬、8 月下旬、9 月中旬和 10 月份在四棱豆植株中发生,最严重是第二、第三代发生。成虫有趋光性,卵产于植株中部叶背面,每雌虫产卵 800 多粒。1～4 龄幼虫常吐丝下垂,借风扩散。幼虫危害中下部,不易引起注意,5～6龄幼虫则多在上部叶背为害,较容易发现,老熟幼虫多在早晨吐丝缀叶做茧化蛹。6～8月多雨的年份发生较重。

4. 防治方法 ①收获四棱豆时捆草诱杀,清除冬蛹,烧毁残枝枯叶。②在幼虫发生时喷施80%敌敌畏1 000倍液,或用90%敌百虫800～1 000倍液;或用鱼藤精(含鱼藤酮2.55%)300～400倍液喷雾。

5. 特色防治 ①烟草制剂:将烟草磨成粉,1千克加水5升,滤取清液喷雾或烟草粉与草木灰混匀在清晨露水未干前撒施,能有效防治尺蠖。②将烟草或烟头收集起来,浸泡48小时后加少量石灰搅拌,沉淀后取清液对水喷施四棱豆,效果比较好。

十二、红蜘蛛(朱砂叶螨)

属真螨目叶螨科,又名红蜘蛛。全国分布,主要为害豆科等蔬菜。

1. 危害状况 红蜘蛛以成虫和若虫幼虫在叶背面吸食植物汁液,被害叶片表面呈黄白色斑点。严重时整个叶片枯黄,枯干脱落,大片田间呈现火烧状,提早落叶。影响叶面光合作用和生长,降低产量。一般是下部叶片先受害,逐渐向上蔓延。在春季苗期生长和秋季花荚盛期发生,特别是干旱年份危害更加严重。

2. 形态特征 雌螨体长0.48毫米,体宽0.33毫米。椭圆形,锈红色或深红色。雄螨体长(包括喙)0.36毫米,宽0.2毫米。初产时透明,只有3对足,2龄后有4对足。

1月、2月、3月、4月、5月、11月、12月份多在地中发生,6月、7月份危害上升,8月份危害最严重。9月、10月份危害由严重趋于减缓(图4-1)。

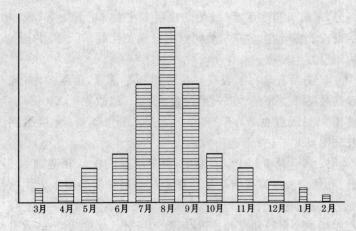

图 4-1 红蜘蛛危害发生时期示意

3. 生活习性 红蜘蛛冬季在土缝中越冬或在温室中继续为害,成螨在叶背吸食植物汁液。一年发生 10～20 代(由北向南逐增)。在保护地中以 5～6 月份和 6～9 月份为害较重。卵期最短 3～4 天,繁殖 1 代历期:温度在 20℃～22℃时,14～17 天;23℃～25℃时,10～13 天;26℃～27℃时,8～10 天;28℃时,7～8 天。在温度 24℃～25℃,空气相对湿度 75% 以下和干旱少雨,有利于红蜘蛛繁殖。超过 31℃ 可抑制繁殖。

4. 防治方法 ①农业防治:除清杂草和残秸烂叶,消灭虫源和虫卵。②1.8% 农克螨乳油 2 000 倍液效果极好,持效期长,无药害。或用 20% 灭扫利乳油 2 000 倍液,20% 螨克乳油 2 000 倍液或 20% 双甲脒乳油 1 000～1 500 倍液,每隔 7 天 1 次,连续打药 2～3 次。20% 米螨悬浮剂,每 667 平方米用 25 毫升。

5. 特色防治 ①辣椒制剂:取朝天椒 1 千克捣成细末加

入10升清水喷雾。②用番茄叶加少量水捣烂,除渣取液以3份原汁与2份水混合,再加少量氮肥后喷施,防治效果好。③葱蒜合剂:用大葱、大蒜、洋葱各30克,捣成细泥状,加水10升搅拌,24小时后再加水15～20升,取其滤液喷施,效果不错。

第五章 四棱豆的收获与贮藏

四棱豆的茎叶、嫩荚、块薯和种子均富含蛋白质,采收时按照市场的商品优质性、营养丰富性和生物优化特性为主要指标。

第一节 收 获

一、茎叶采收

幼叶比老叶蛋白质含量高,营养丰富,纤维素少,可消化利用率高。枝叶生长过旺时,可采摘枝叶最顶端约 20 厘米,第三茎节最嫩茎叶做蔬菜。尤其是生长中期以后,枝叶嫩绿、光滑、幼叶未展,其上着生一串花蕾,这时采摘用以做汤、凉拌或配菜甚佳。

二、嫩荚采摘

嫩荚要及时采收,一般在开花后 15~20 天,豆荚绿色柔软时收摘最佳。采收宜嫩不宜老,如采收过迟,纤维素增加,品质变劣,口味较差,甚至不能食用。嫩荚勤摘,以利于后继荚果的生长。通常在荚长到 2/3~4/5 时青嫩豆荚的品质较好,因为表面积比例大,接近荚果表面又有一种泡沫状的结构,容易丢失水分,因而鲜嫩的豆荚不耐贮藏。收获的鲜荚要在 24 小时内出售和食用。

一般每 667 平方米收嫩荚 750~1 500 千克,最高可达 2 500 千克。北方开花后 15~20 天,南方开花后 12~15 天即可收摘。含水量 75%~90%,单荚重 18~50 克。嫩豆粒与嫩豌豆一样可做蔬菜。四棱豆鲜嫩豆荚营养成分见表 5-1。

表 5-1　每 100 克鲜嫩豆荚营养成分的含量

水　分	89.5 克	碳水化合物	7.9 克	铁	12 毫克	镁	20 毫克
热　量	142 千焦	维生素 A	660 毫克	钙	250 毫克	锰	0.23 毫克
蛋白质	2.9 克	维生素 B_1	0.2 毫克	锌	4.4 毫克	硫	8.6 毫克
胡萝卜素	15.8 毫克	维生素 B_2	0.1 毫克	磷	37 毫克	铝	0.17 毫克
氨基酸	22.8 毫克	维生素 C	21 毫克	钾	205 毫克	硼	0.15 毫克
脂　肪	0.1 克	维生素 D	117.8 毫克	铜	0.74 毫克	铬	0.01 毫克
叶　酸	1.2 微克	维生素 E	4.4 毫克	钠	3.1 毫克	钼	0.03 毫克

三、种子的采收与留种

在营养价值上，种子是最重要的部分。干豆可用来榨食用油，加工豆制品、豆粉，还可做咖啡的代用品。

留种用的豆荚，应开花后 45～50 天采收。一般开花后 20～23 天籽粒开始膨大，到 45 天粒胚生长发育成熟，种子发芽率最高，种皮发育尚薄。这时是干荚收获最佳时机。成熟豆荚皮色由青变黑褐色。果柄尚绿，豆粒明显鼓荚。剥开后豆粒饱满，豆粒之间的间隔膜已变成白色絮状。种子珠柄尚未脱离，此时为种荚采收适期。温度低于 10℃，种子易受冻害，发芽率将明显降低。结荚中期的荚果作种荚最好，这种荚大粒大百粒重，荚形好，应在田间进行株选，一般采收 3～4 次，受冻害的种子发芽率明显下降。采收后的豆荚带荚晒干，脱粒贮藏。温差大时，种粒百粒重，子叶养分含量高。

四、茎蔓块根收获

短日照和较低土温有利于块根形成，昼夜温差大，可促进块根生长。在冬季温室温度 0℃ 以上的地区，可留土中安全越冬。在我国北方冬季0℃以下气温,须在霜前及时收获,选晴天收挖,注意不要挖伤块根和弄断根颈;也可以栽入冬暖大棚中,翌年春季栽入大田中,翌年生长旺盛。开花结荚多,块根更大,每667平方米根块产量最高达750千克。四棱豆在北方多为一年生,块薯产量低,蔓藤干枯收割后晒干,与豆秸、荚壳一起粉碎,可做优质饲料。收块薯时间差异很大,有的地方播种后20~21周收获,有的地方在43~56周后收割。Anjana Banerjee等(1984)测定四棱豆茎叶的蛋白质含量为30%,消化率为76%。泰国已开发出一种以四棱豆的茎叶、块根为原料,并加以木薯残渣生产而成的优质动物饲料(Valicek,1989)。收刨出的块根立即消费或出售,食用一般煮熟食用,或加工农副产品。作种块繁育时,贮藏备用。

第二节 贮 藏

一、豆荚贮藏

四棱豆鲜荚很容易腐烂,对冷害很敏感,采摘后应迅速预冷,并置于低温环境中贮藏,适宜贮存温度为10℃~12℃,相对湿度95%。在家庭冰箱7℃~8℃条件下贮藏,保质期5~7天(表5-2)。

表5-2 四棱豆嫩荚贮藏条件

品　种	适宜贮存温度	相对湿度	家庭冰箱	保质期
四棱豆	10℃~12℃	95%	7℃~8℃条件下	5~7天

注:《四棱菜豆》,2007年

常见的四棱豆为四方体,其翼翅边缘宽,四个翼翅展开,运输途中容易受伤而影响其商品价值,其结荚率不如扁方体四棱豆嫩荚。扁方体四棱豆鲜荚翼翅短,容易包装,其单鲜荚质量品质不如四方体四棱豆鲜荚好,但结荚率高。选用贮藏嫩荚时,应选豆荚鲜嫩、新鲜、无黑边的。

二、种子贮藏

四棱豆种子贮藏比较容易(表 5-3),一般条件下贮藏未发现有虫害。四棱豆种子蛋白质含量高,含水量高时容易长霉菌,要及时晒种。禁止在水泥地上晒种,以免灼伤胚芽,应放在草席和竹席上晒晾。

表 5-3　四棱豆种子贮藏环境条件

温　度	含水量	贮存时间	发芽结果
26℃以上	10%以下	14 天	丧失发芽能力
20℃	10%～12%	3 年	50%
20℃	10%～12%	5 年	全部丧失发芽率
－20℃	5%～6%	长期贮存	硬实种子增加,降低发芽率
0℃	5%	适当时间	不变

注:综合归纳与实践

三、薯块贮藏

不能收成熟种子的地方,可用块根窖藏留种,挖取的块根放在土中,能提高成熟率,晒后入窖贮存,其窖藏管理与甘薯的管理相同(表 5-4)。①保持窖内干燥,以利于伤口愈合,可用细沙埋藏。②根颈周围萌发根苗,所以催芽前不要分蘖。③四棱豆块根具有结瘤的能力。在温床上最好覆盖一层菌土(已种过四棱豆的土壤)。

表 5-4　四棱豆薯块贮藏环境条件

贮藏时间	湿　度	温　度	育苗催芽温度
110 天	90%	12℃～13℃	20℃

四棱豆薯块贮藏窖型:贮藏薯块的窖型可根据当地的土质和地下水位高低,因地制宜的选择。

1. 大屋窖 大屋窖的窖型分地上式与半地下式两种,地上式适宜于地上水位高的地方,高温处理后通气降温较快,半地下式的窖底比地面低1米多,保温较好。一般多采用半地下式。贮藏优点:高温处理使伤口愈合,控制或消灭腐烂病菌,育苗可出苗早,少出病苗。

2. 发圈大窖 发圈大窖坚固耐用,其构造分"非字形"和"半非字形"两种,"非字形"窖的走道设在洞中间,贮藏洞在走道两边,走道多是南北走向。"半非字形"的走道设在洞的南边,走道多为东西走向,洞顶用砖发圈厚约30厘米,窖顶加土约1米厚。增厚约1米多。

3. 大窑洞(山洞窖) 山洞窖在山区、丘陵地区可利用山坡、崖进行建窖,这种窖建造简便,经济,省工、省料,经久耐用,保温、保湿性能好,适用于土质好,不易倒塌的山区和丘陵区。

4. 改良井窖 井窖是地下水位低、土质好的地区常采用的窖型。其井窖保温保湿性好,贮藏薯块新鲜,建窖容易,缺点是散热不良,通气较差。

5. 棚窖 棚窖是地下水位高,土质松,土层薄的地方采用,建窖省工省料,入窖出窖方便,散热快,但保温性差,需要每年拆建,管理不便。

第三节 保 管

一、防 虫

1. 四棱豆豆象

(1)危害与识别 属豆象科。四棱豆豆象主要危害四棱豆,成虫体长 4.0～5.0 毫米,椭圆形,头小,复眼马蹄形,暗褐色。幼虫体长 3～5 毫米,乳白色,肥胖多皱纹,有明显赤褐色背线。

(2)生活习性　一年发生 1 代。有假死现象,成虫能飞翔,幼虫能在田间或仓库为害四棱豆,卵产于豆荚中,卵期7～12 天,幼虫期 70～100 天,幼虫在化蛹前将豆粒蛀成一圆形羽化孔,羽化成虫从孔中爬出,成虫寿命 6～9 个月。成虫在四棱豆粒中或仓房角落缝隙中越冬,也有少数在仓外的砖石、野草及田间作物遗株上越冬。

(3)防治方法　①在四棱豆生长后期进行毒饵诱杀。②用草木灰铺底,密闭高温杀治。③将贮藏室封严,将敌敌畏倒在烧红的铁板上,熏蒸种子即可(操作人必须做好防护措施)。④做好隔离工作,防止成虫飞入仓库产卵。

2. 四棱豆粉螟　属螟蛾科。

(1)危害与识别　多发生在四棱豆干粒种子中,幼虫为害性大,食性很杂,成虫体长 6～7 毫米,翅展 14～16 毫米;头及胸灰黑色。前翅狭长,灰黑色。幼虫体长 12～14 毫米,头部赤褐色,胴部乳白至灰白色,体形中部粗,两端略细,除陕西、辽宁省外,其他各地均有发生。

(2)生活习性　一年发生 4 代,以幼虫越冬,翌年春暖化蛹并羽化成虫。产卵于粮堆表面,孵化的幼虫先蛀食粮粒柔软胚部,再剥食外皮。多在不成熟的四棱豆中出现。幼虫在四棱豆外表吐丝结网,或丝缀豆粒成一个个小团,潜伏在其中为害。老熟幼虫离开粮堆爬至墙壁、缝隙等处越冬化蛹。

(3)防治方法　①磷化钙熏蒸四棱豆。方法是:备 12×8 (平方厘米)纱布袋,每吨四棱豆(含水量 13％即可施用)用药量二瓶计算。将药倒入袋内扎口,放入盛粮容器 1/3 处,迅速用塑料膜封闭盛粮容器(一般用麻袋或粮囤)。②四棱豆存放前晒干,铺上草木灰或干石灰块即可。一般每吨用 30～50 千克。上面用编织袋或麻袋隔开。③清洁仓房时要剔刮虫茧,封堵嵌缝,以清除虫源。④做好有虫粮和无虫粮隔离工作,防止传播。⑤物理机械防治:利用高温或低温的作用,破坏害虫的生理结构,使害虫死亡或抑制其繁殖。高温防治,主要采用日晒烘干等方法。低温防治在寒冷的冬天,将四棱豆在晒场堆薄冷冻或放在冷库中低温贮放(一般温度在 0℃左右即可)。

3. 印度谷螟 属螟蛾科。

(1)危害与识别 主要危害大米、玉米、高粱、麦类、粉类、豆类、油料及干果等,食性很杂,与粉螟类似,除西藏自治区外,全国各地均有发生。成虫体长 6.5～9 毫米,翅展 13～18 毫米,头胸部灰褐色,密被灰褐色或赤褐色鳞片。幼虫体长 10～18 毫米,头部赤褐色,胴部淡黄白色或浅黄绿色(幼龄时常带淡红色),中部较粗。

(2)生活习性 一年发生 4～6 代。成虫寿命 8～14 天。以幼虫越冬,翌年春暖化蛹羽化成虫。孵化的幼虫先蛀食柔软胚部,再剥食外皮。亦有吐丝结网习性。生长繁殖最适温度为 24℃～30℃,在 48.8℃条件下经 6 小时处理幼虫即死亡。

二、防 病

1. 白曲霉 属真菌病害。

(1)危害与识别 四棱豆荚和豆粒受害菌落初为白色,后变为乳黄色。白曲霉也可以产生毒素,但分布与危害不如黄曲霉病严重。

(2)发病规律 四棱豆白曲霉多在豆粒潮湿、中温、水分达 15％以上时易感此菌,腐生性很强,陈粮最为严重。也可产生毒素,但分布与危害不如黄曲霉严重。

(3)**防治方法**　①四棱豆炸粒收获前,应充分晒干,水分控制在12％以下。②掌握气候条件合理通风密闭,保持仓内和贮粮的干燥。③采用低温密闭、缺氧保管等方法。但对缺氧方法要严格掌握适当的粮食水分,防止品质变劣。

2. 黄曲霉　属真菌病害。

(1)**症状**　粗地毯状或絮状。初为黄色,后为黄绿色,继而变为棕绿色。四棱豆黄曲霉对淀粉、脂肪、蛋白质分解力很强。受害粮粒散落性差,发软并有甜、酸、霉气味。四棱豆水分大时易受害,四棱豆被侵染的每一个菌株都能产生黄曲霉毒素,是致癌物质,应引起注意。

(2)**防治方法**　①粮食入库前把水分降低到当地安全标准以内。②掌握气候条件,合理通风密闭,保持仓内和贮粮干燥。③低温密闭贮藏。

第六章　四棱豆加工利用

目前我国的多种蔬菜产品出口，为国家换回大量的外汇，支援了经济建设。出口蔬菜都经过分选标准化或加工、包装，从而满足了贮藏运输的要求，保证质量安全，提高了产品的附加值和高档次。这些高品位蔬菜产品的加工、包装等工序，需要在加工厂内进行。因此，高档次、高品位蔬菜的生产，促进了乡镇企业中农产品加工业的发展，加快了农业经济的多方位发展。近年我国菜豆出口情况见表 6-1。

表 6-1　我国菜豆出口情况

类　别	1982 年	1987 年	1989 年	1990 年	1992 年	1994 年
鲜菜出口(吨)		4331	5516	4949	6444	8674
换汇(万美元)		111	156	165	183	274
罐头出口(吨)	25253	19604	12755	16480	16304	22866
换汇(万美元)	996	889	666	826	1007	1711

注:摘自《蔬菜加工实用技术》

第一节　加工技术

四棱豆加工技术主要以四棱豆叶、嫩梢、鲜荚为原料，通过制汁、制汤、罐藏、糖制、干制、速冻、腌制等方法，加工成各种制品。

尽可能最大限度地保存其营养成分，改进食用价值，使加工品色、香、味俱佳，提高蔬菜加工制品的商品化水平。加工的目的就是保证品质、食用方便、提高商品附加值。

一、豆荚、豆籽加工技术

成熟的四棱豆种子，其蛋白质含量高达 32％ 左右，脂肪含量约17.5%,碳水化合物约34%,它的成分非常接近于大豆种子的蛋白质、脂肪和碳水化合物的含量;四棱豆种子的蛋白质含量比花生种子的含量还高(表6-2)。

表6-2 成熟的四棱豆种子每千克主要营养成分与大豆、
花生种子比较 (克/百克)

成　分	四棱豆	大　豆	花　生
水　分	8.7～14.0	10.2	7.3
脂　肪	16～18.3	17.7	45.3
粗蛋白质	29.8～37.4	35.1	23.4
碳水化合物	25.2～38.4	32.0	21.6
纤　维	3.7～9.4	4.2	2.1
灰　分	3.3～4.3	5.0	2.4

注:引自 Karel Cerny,1978 年

四棱豆种子食用方法一般为老熟的种子煎2～3小时发酵,做成干酪一类的食品;将老熟的种子烤食或与稻米混食,四棱豆种子可炒、可油炸后直接食用,味似花生。也能加工成各种豆制品,比如豆腐、豆豉、豆腐脑、豆浆、豆芽。四棱豆经过脱壳,榨油率8%～13%。豆饼粉碎后,过筛的豆粉加入面粉中可做强化面包。国内有许多专家试验证明,仅占人体重量0.01%的微量元素,是人体生命活动必不可少的元素。四棱豆可作为锌、镁、钙、锰、铁、钠等元素补充保健食品的新来源。同玉米混合食用,具有牛奶的营养价值,还可加工成蛋白质浓缩物。

1. 四棱豆酸辣酱

(1)原料 四棱豆菜荚100千克,食盐7千克,辣椒酱15千克,柠檬酸400克,苯甲酸钠600克,甘草粉1.5千克,白糖

2 千克,明矾 200 克,辣椒粉 500 克。

(2)工艺流程　制四棱豆干坯→制成成品坯→成品上粉→包装

(3)做法　①制四棱豆干坯:将食盐 7 千克,柠檬酸 400 克,明矾 200 克,苯甲酸钠 100 克,清水 60 升,一起装入缸内,搅拌均匀充分溶解后,将四棱豆菜荚切去两头,切成 5 厘米长段,放入卤水缸内,每天翻动 1 次,浸泡至金黄色,菜荚出现甜酸味时捞起,自然风干或烘干即可。②制成品坯:在缸中放入 50 升开水,加入甘草粉 1.2 千克,苯甲酸钠 500 克,搅拌均匀,再加入辣椒酱 15 千克,搅拌均匀备用。大木盆斜放,倒入卤水,再将四棱豆菜干坯放在其中拌匀,然后将四棱豆菜扒在盆的高处,沥干卤水;1～2 小时将豆菜与卤水拌和 1～2 次,使豆菜干湿均匀,品质一致,经 12 小时后晒至八成干使用。③成品上粉:将辣椒 500 克,甘草粉 300 克混合均匀,撒在晒干的豆菜上,拌匀即可出品。④成品包装:将成品分装于纸盒内或用食品塑料袋内密封上市。

(4)产品特点　形色皆备,色泽金黄带绿,酱香浓郁,味道鲜美,甜酸辣脆。

2. 脱水四棱豆

(1)原料　要求品质鲜嫩,肉质厚,不起筋,翅翼不损伤,荚内没有形成豆粒,一般荚长 7～20 厘米,单个重 30～45 克。

(2)工艺流程　原料处理 →分级→清洗→护色→冲洗→烫漂→冷却→护色→脱水→挑选→包装

(3)挑选和处理　豆荚从采收到加工 12 小时,除去不健康豆荚,然后用手工摘去豆荚两端。

(4)分级　按原料老嫩程度分大、中、小 3 级,以便于热处理,掌握烫漂时间。

（5）清洗　用清水洗涤，以除去污物杂质。

（6）护色　放入0.2％的$NaHCO_3$（小苏打）溶液中浸渍30分钟，然后用清水冲淋。

（7）烫漂　用0.06％的$NaHCO_3$溶液烫漂，一般在100℃中处理3～7分钟，烫漂过程中需轻轻翻动。烫至原料颜色深绿而有亮光，组织稍软为止。烫漂的菜荚应迅速浸入清水中冷却，以冷透为准。

（8）护色　将冷却后的菜荚放入0.2％的$NaHCO_3$溶液中冷浸2～3分钟，然后沥干。

（9）脱水　将处理好的原料均匀摊入烘筛上，烘房温度掌握在60℃～65℃为宜。脱水至含水量在6％为宜，拣尽潮条。

（10）成品挑选　除去成品中不合格的产品，如色泽差的、老的、黄褐色的产品。

（11）装箱　包装入箱的产品其含水量应不超过7.5％，用纸板箱包装，内衬复合塑料袋，袋内再衬牛皮纸袋，外包装用塑料袋扎紧。

（12）质量要求　颜色均匀，规格一致。

3. 四棱豆豆豉制作技术

（1）泡料　将四棱豆粒加水3～5倍，浸泡10～18小时，冬季15～24小时，将豆粒泡透为止。

（2）煮料　将沥干的四棱豆放在蒸桶内（或蒸锅中），用急火蒸制，待蒸汽直冒时，继续蒸制2小时，使四棱豆熟透。在蒸煮之前需脱皮处理。

（3）发酵　将蒸好的四棱豆铺摊在晾席上，放在没有太阳直射的地方通风，并接菌发酵。待20天左右，见酵菌的毛茸长稳并有香味时，即可下架。

（4）腌制　按每50千克、清水3升的比例一并混合拌匀，然后装入坛内,坛口用油纸封固,盖上坛盖,掺水入坛口。腌制期要经常检查,以防坛口水干涸。6个月后,豆豉颗粒滋润,味香甜,成为黑色成品,包装出售。贮存于密封坛中,保存期可长达3年以上。

4. 煮食四棱豆 把洗好的四棱豆加5倍的水浸泡,然后放1‰的碳酸氢钠(小苏打),煮沸后炖3分钟,离开火,浸泡10小时左右,倒去浸泡水,用清水冲洗两次,再加清水2倍,煮25分钟,加调料调味,即可食用。

5. 四棱豆粉丝加工技术 粉丝是我国传统的加工商品,生产出的四棱豆粉丝透明、筋道耐煮、耐泡、口味适宜。

四棱豆粉丝加工工艺流程:下料→打浆→调料→漏粉→冷却→漂白→烘干(或风干)→计量包装→成品

(1)浸泡 浸泡的目的主要是让豆子吸足水分,淀粉溢出膨胀,蛋白、脂肪等物质随同发生变化。通过加热浸出的单宁,用水将溶解的单宁冲走。原料的浸泡与环境温度、水温及四棱豆成熟度、产地有直接关系。

浸泡容器多为缸或水泥池,切忌使用铁制器皿。四棱豆的单宁在较高温度时遇铁发生化学反应,生成黑硝盐,混杂在白色碳水化合物中,影响淀粉质量。浸泡方法:原料和水的比例1:6。水温在30℃～40℃,浸泡24～30小时。

(2)磨浆出粉 将浸泡好的四棱豆用冷水冲洗干净,放到磨浆机中磨浆流到筛中过滤去粗,加适量的酸浆,粉浆下沉后撇去1/3的浆水,再加适量的水搅匀,待1～2小时后撇去浆水,加少量水过筛洗渣后沉淀,抽去多余的浆水,粉浆含20%～30%的水量即可加工粉丝。

(3)漏丝 生产时,粉浆水温低或水温高都不适合,粉与浆比例为1:25左右,打成浆糊漏丝,漏丝时要掌握好锅中的水温,粉丝出锅后,放冷水降温浸泡20小时后,捞出挂在木棒上烘干或自然晒干,随后即可包装。

（4）去单宁 单宁在四棱豆种皮中含量高,遇氧化生成暗红色,遇锡变为玫瑰色,遇碱作用后变黑色,遇铁变为墨绿色。加工时,采用热烫,放入盐水中用清水冲洗,不用含铁、锡等器具加工。

6. 四棱豆蛋白肉制作法 四棱豆富含必需氨基酸—赖氨酸,其含量超过大豆、酪蛋白和鸡蛋蛋白,这在豆类中是罕见的,特别是人体8～10种必需氨基酸的含量很高,超过大豆的含量。以四棱豆加工成蛋白肉还含有人体必需的微量元素,如铁、锌、钙及维生素等。

（1）碎饼 将已榨过油的四棱豆饼用粉碎机粉碎。

（2）配料 豆粉25千克,纯碱200克,食盐200克,开水12.5升,混合充分、搅拌均匀备用。

（3）成形 将备好的原料放入"植物蛋白膨化机"中,用电动电热滚炉,加压加热延压成4厘米宽、0.2～0.5厘米厚的人造蛋白肉条。通过调节机械温度,控制成品的质量和成色,使成品不生、不焦、不断、不碎。

（4）干制 放在阳光下暴晒干燥,或用烘干机烘干,然后用塑料袋包装出售。

7. 制作豆芽 取250克四棱豆干豆子,可发3～6倍的豆芽。用一个直径25～30厘米的塑料容器或罐头桶,在底部均匀地开一些小孔,把豆子盛入桶内,占桶高的5～7厘米深,然后放在一个桶内,让水刚好浸泡豆子为宜。盖上桶口,浸泡12小时,沥干水,不要混合和搅拌豆子,仍然盖好,放置暗处,在22℃条件下发芽,每天淋清水3～4次。操作要小心,不要搅动豆子,大约培养5天,豆芽长到2～4厘米长时,漂去豆壳,挑去未发芽的豆子,就可烹调食用。

8. 制作豆粉　四棱豆粉是将四棱豆烘烤、去壳、粉碎而制成的食品原料。经过加热和粉碎,可改善香味,提高消化率,可添加入米饭、饼干、面包、米粉、面条、糕点等食品中,可改善食品的色、香、味、形,又强化了食品的营养。故是一种加工容易、营养价值很高的食品。

9. 制作豆奶　取四棱豆干豆粒 354 克,约可做成豆奶 2 832 毫升。豆子放在足够的水中浸泡 16 小时,粗磨去皮→浸泡→磨豆浆→过滤→煨浆约 7 分钟,做成豆奶的基本原料。以下可根据个人爱好添加各种原料。

(1)脱皮　选含水量 13% 以下的四棱豆,方可保证脱皮效果,脱皮时胚芽需同时脱去,因为皮和胚芽均会影响到成品豆奶的风味和色泽。

(2)灭酶　脱皮后放在 150℃ 的灭酶器中直接加热 7 分钟,钝化脂肪氧化酶。

(3)粗磨成浆过滤　灭酶后加入相当四棱豆 10 倍重的 80℃ 热水,粗磨颗粒度为 2 毫米,进行粗磨,然后进入超微粉碎机进行粉碎,可通过 150 目筛,进入离心机内,连续进料,将豆渣和豆奶分离。

(4)调和　对四棱豆奶的浓度进行调整,四棱豆奶口感和风味可根据各自的喜好添加各种原料。

(5)配方　①加入 1 770 毫升的牛奶,这种饮料,兼有动物蛋白质和植物蛋白质。②加入 37～60 毫升的蜂蜜或天然糖,1～2 克香兰素混合,可再加盐少许。③加入 30～45 毫克的菜油高速搅拌,使其充分乳化,可加入 1.2 克颗粒状卵磷脂,使乳化更好。④加入 60 毫升蜂蜜或天然糖,也可加少许盐,1.2 克香兰素,待豆奶冷却后,边搅边加入 12～16 毫升的咖啡(或可可粉),在加前应先用少量的豆奶调匀。

二、薯块加工技术

四棱豆根据《中药药名大辞典》《新华本草纲要》记载:微涩、性凉,有清热、消炎、利尿、止痛的功能。用于治疗咽喉痛、牙痛、口腔溃疡、皮疹、淋症、尿急、尿痛等疾病。营养含量可参看表2-1四棱豆不同部位营养成分,表2-3四棱豆植株各部位氨基酸含量。

四棱豆的块根的蛋白质含量相当高,有11%,其蛋白质含量是木薯的20倍,番薯的8倍和高于芋头4倍(表6-3)。

1. 鲜薯脱涩技术 根薯脱涩直接加工方法如下。

(1)漂法 将根薯放在水泥池内,加入50℃～70℃温水淹没根薯,水温稳定在47℃～50℃,浸泡24小时,即可脱涩。

表6-3 四棱豆每千克块根成分与番薯、木薯及芋头的
成分比较 (克/100克)

成　分	四棱豆	木　薯	番　薯	芋　头
水　分	56.5	65.5	70.7	75.4
脂　肪	0.4	0.2	0.3	0.4
粗蛋白质	10.9	1.2	1.2	2.2
碳水化合物	32.1	33.4	27.9	21.8

注:引自 Karel Cerny,1978 年

(2)碱法 取生石灰5千克,食盐5千克,加40℃～50℃温水溶解倒入水泥池中,浸泡1～2天,即可将根薯捞出。质脆,味凉,甜爽。

(3)焖薯脱涩法 将鲜根薯放入地窖中,内设火盆,将地窖口封闭严实2～3天后,使根薯味变甜,食之脆嫩,酥滑变软。

（4）酒精去涩法　用 95％的酒精分层喷施在窖内根薯上，分层喷施，然后闷封 2～3 天，即可出窖。

2. 玫瑰薯枣

（1）原料　四棱豆脱涩薯块 500 克，乌枣 50 克，白糖 100 克，水淀粉 5 克，玫瑰精适量，花生油 500 克（实耗油 50 克）。

（2）方法　①将四棱豆脱涩薯块去皮，切成橄榄块。②将炒锅油烧至七成热，将薯块炸至金黄色，捞出沥油，放入碗内，加白糖 50 克，上笼屉用旺火蒸 15 分钟取出。③将乌枣去核，每枚切成 4 片，洗净后放入锅内，加入余下的白糖及清水 20 毫升，用微火煮浓，用水淀粉勾芡，滴入玫瑰精，浇在薯块上即可食用。

（3）特点　色泽美观，香甜味美。

3. 四棱豆根薯粉制作技术

（1）采集　将收刨的四棱豆根薯在通风阴凉处风干，防止雨淋夜露，注意不能堆积，以免薯块变色、发霉，并除杂精选。

（2）打浆　先将四棱豆根薯用流动水洗干净，用刀切成小薄片，然后用打浆机打浆或粉碎机打浆。没有条件的也可用石磨磨浆，粉浆越细，出粉率越高。

（3）洗浆　将打出的粉浆装入布袋，用清水冲洗过滤，滤出粉渣。过滤的浆水用大缸或水泥池盛装，待薯粉自然沉淀后排出废浆水，然后加入清水搅拌，让泥浆和细渣悬浮在上层，每日换水 1 次，漂洗 2～3 天。

（4）分离　将漂洗的粉浆再一次用布袋过滤，滤出粉粕细渣，将滤出的粉浆仍放入池中或缸中沉淀一昼夜后排出废浆水，重新加入清水拌匀，使薯粉呈悬浮状态，再经 24 小时的自然沉淀，然后排干废浆水，铲去表面所有杂质的次粉，弃掉底层的脚粉，取中间的纯净的薯粉装入布袋，用绳子吊起,沥干明水。

(5)干燥　将沥干的薯粉晒干或用烘干机烘干并粉碎,装入防潮塑料袋中密封,即成产品。

三、四棱豆干荚壳制取淀粉技术

四棱豆干荚壳蛋白质含量为 21%～30%,超过小麦和大米的含量,粉碎后是一种优质的高蛋白精饲料,可做鸡、猪、牛、鱼饲料,适口性很好,同时还可做蘑菇的培养基,制取的淀粉可用于食品加工、工业及药物方面的原料。

将干净的四棱豆荚放入清水中浸泡 10 小时左右,捞出放入锅内,按每 100 千克加纯碱 2 千克和适量的水,用大火煮 2 小时,将四棱豆荚用清水漂去碱粉液,用磨粉碎,用细筛过滤,沉淀 12 小时,除去上层清水,再将下层沉淀物用布袋挤去清水,即得湿淀粉,再用干燥机干燥即得成品。

注:以上内容所涉及的机械设备可在当地购买,如当地购买不到请与河南省濮阳农村致富研究学会免费咨询和求助,电话（0393）4230772,手机:13030312316　13781356548　15939360028。通联地址:河南省濮阳县城关镇裴西屯 253号,《中国农村科技》杂志社河南省濮阳通联站　裴顺强收　邮编: 457100。网址: www.silengdou.com/cn/net　或www.sqsld.cn

第二节　菜肴制作技术

一、叶、茎的食用方法

四棱豆嫩叶和叶梢是非常好吃的保健特菜,营养价值很高,具有补虚、益气、健脾强肾、益肺生津、补肾明目、抗癌、美容、延缓衰老的作用。叶片一般无病斑,宽大,深绿色,无虫害,多采用植株中上嫩叶为主,味似菠菜。

其嫩叶食用要点是：选用新鲜叶片或嫩梢为原料，无病斑和虫口，用清水洗净，做净菜处理；然后把蔬菜原料入沸水中处理2分钟。或用蒸锅（蒸汽箱）控温80℃～100℃蒸2分钟，然后将蔬菜捞出或取出迅速用冷水冷却；在烘箱中用70℃～75℃烘干；装塑料袋防吸湿。

四棱豆嫩叶的加工工艺流程：采摘→清洗→挑拣→净菜→淋水→杀青→烘干→计量包装→成品

四棱豆叶、茎可做成如下菜肴。

1. 凉拌四棱豆嫩叶

（1）原料　四棱豆嫩叶350克，蒜瓣、精盐、味精、香油等各适量。

（2）制法　①把四棱豆嫩叶洗净，在沸水中加油、盐后焯一下捞出，盛盘放凉。②蒜瓣洗净拍扁去皮后剁碎，加精盐、味精、香油拌匀，浇在焯过的四棱豆叶上拌匀即可。

（3）特点　乡土风味菜，清鲜甘爽。

（4）功效　养颜美容，补血益脾，清肠解毒，减肥。

2. 四棱豆嫩叶菜团子

（1）原料　四棱豆嫩叶600克，四棱豆、玉米精制面粉、精盐、白糖、姜汁各适量。

（2）制法　把四棱豆叶洗净，用沸水焯过摊凉后，切碎与玉米精制面粉、精盐、白糖、姜汁等混合搓匀，混合面粉量以能使四棱豆叶和成面团为度，做成菜团，菜团抹上生油蒸熟。

（3）特点　菜团质地筋道、爽口。

（4）功效　民间常用以防治呼吸道感染、夜盲症、眼角干涩、儿童营养不良、肾炎、贫血等。

3. 炒叶菜（嫩梢、花蕾）

（1）原料　四棱豆叶菜（嫩梢、花蕾）400克，花生油、盐、姜、葱、蒜各适量。

（2）制作　将原料洗净备用，油锅的油烧热，把蒜末、葱、姜末煸香，放入四棱豆叶（嫩梢、花蕾），旺火急炒，放调料即可。

另外，还可以与鸡肉、猪肉荤炒或制成肉汤后，放豆尖（花蕾、嫩梢）即可。

4. 四棱豆嫩叶炒百叶

（1）原料　四棱豆嫩叶300克，百叶250克，红辣椒1个，米酒、精盐、味精、香油、色拉油各适量。

（2）制作　①四棱豆叶梢、百叶洗净，百叶切成长条，红辣椒切成斜丝。②放油爆炒红辣椒斜丝，放入百叶、米酒翻炒，再将四棱豆叶梢倒入，旺火快炒，最后放入精盐、味精、香油等调料出锅（要注意火候，以旺火热油爆炒，才能达到菜、百叶脆爽鲜嫩的效果）。

（3）特点　菜肴青中有红，微辣，食之爽脆而有弹性，风味独特。

5. 四棱豆嫩梢炒豆泡

（1）原料　四棱豆嫩叶300克，油炸豆腐200克，米酒少许，盐、味精、色拉油（西餐中凉拌菜调味料）各适量。

（2）制作　①将四棱豆嫩梢折成10厘米段过热水焯后待用。油炸豆腐对半切块，如大豆泡切成长条待用。②起油锅，放入豆泡炒约1分钟，加入四棱豆嫩梢推炒均匀，下盐、味精炒至入味，洒入少许米酒炒匀即可。

（3）特点　清素味香，开胃消食。

（4）注意　及时食用，现买现吃。四棱豆菜叶越鲜营养含量越高，贮藏过久，菜叶的营养遭到破坏。先洗后切：如果先切后洗，叶梢中的营养物质溶于水中而流失。切好的菜最好旺火烹调,现吃现炒,否则导致叶菜中被氧化或营养物质酶化迅速失调,影响人体吸收。

二、四棱豆荚食用方法

四棱豆含有胰蛋白酶抑制剂和凝血素等有毒物质(这些物质的活性在湿热条件下易被破坏),四棱豆凝集素在生长中起着重要的作用:凝聚素在确定固氮细菌及其宿主植物之间的特异性方面,可能是一种关键性的中介物。凝聚素在细菌表面的结合中心,和宿主根毛表面的特异抗原中心,起着连接作用,根瘤菌与凝聚素有特殊相互作用,抵制真菌和昆虫的侵害,刺激花粉萌发及细胞壁生长扩展,有调节植株生长作用。同时用于糖类贮存和运输。

早在1930年就有人报道,菜豆类中含有植物凝集素,给大白鼠饲喂的凝集素,是从两个菜豆品种中分离出来的制品。当浓度降至膳食量的0.5%时,就会引起明显的生长抑制,如果饲喂较高浓度的凝集素,就会加速死亡。该结果在以后的试验中得到证实。

四棱豆荚不宜生食,食用时务必煮熟或在食用前加2%的氢氧化钠溶液进行处理,可破坏和消除荚内的有毒物质,煮烫温度在95℃～100℃时掌握在5分钟左右即可化解破坏。把四棱豆两头择掉,这些部位含毒素较多,炒煮时一定要烧煮透。

四棱豆豆荚鲜食是四棱豆加工与利用技术中主要的一项,四棱豆鲜荚清爽脆美,是四棱豆可食部分中最佳的部位。在东南亚地区喜食嫩荚炒辣椒,孟加拉国有四棱豆加鱼或肉用油煎食的习惯,印度尼西亚人烹饪四棱豆嫩荚用椰子汁同煮做成植物咖喱。四棱豆豆荚是目前风靡全世界的一种新型高蛋白蔬菜。不但富含蛋白质,其氨基酸组成平衡,植物脂肪、多种矿物质、维生素含量雄居豆类作物之冠,享有"特菜中的明珠"之称,维生素 E 的含量特别高。每百克鲜荚含水分89.5～90.5 克,蛋白质 1.9～2.9 克,碳水化合物 3.1～3.9克,维生素 C 20 毫克,纤维素 1.3 克,钙 25～236 毫克,铁百克含量 0.3～12 毫克,所含 17 种氨基酸量均高于其他菜豆的营养。

四棱豆应选择淡绿色、角翅坚挺不折、质地柔软、掰开菜荚应无明显豆粒、荚长 10～15 厘米的豆荚。如果菜荚色深、皮硬、有褐斑,角翅边缘干枯,纤维较多等,均是品质不佳的表现,影响食用。

四棱豆豆荚菜谱介绍如下:

1. 海参四棱豆

(1)原料　四棱豆 250 克,海参半只,辣椒 1 只,酒 2 小匙,淀粉 2 小匙,高汤、精盐、油各适量。

(2)做法　①四棱豆择除硬丝,顶刀切成小段,放入少许精盐在滚水中氽烫,捞出沥干备用。②辣椒洗净,切成圆圈状备用。③海参洗净,切成块丁,先用少许四棱豆荚,加入适量的高汤,盖锅焖煮 2 分钟。④起油锅,先炒香辣椒,然后放四棱豆荚。加入适量的高汤,盖锅焖煮 2 分钟。⑤加入海参拌炒一下,淋上少许酒,用精盐调味。⑥盖上锅盖,再焖煮 1 分钟,淀粉勾芡后即可盛盘。

2. 红椒四棱豆

(1)原料　四棱豆 250 克,红色甜椒 1 个,猪肉丝 150 克,蒜粒 3 瓣,淀粉 2 小匙,精盐、高汤、色拉油各适量。

(2)做法　①猪肉丝洗净,加入少许淀粉和油腌渍备用。②蒜粒剥除硬膜,切成薄片。③甜椒洗净,对切,去籽之后,再纵切成细丝。④四棱豆择除硬丝,斜切成细长条状。⑤煮锅水,加入精盐,将四棱豆荚和甜椒分别汆烫过,再捞出沥干水分备用。⑥起油锅,先炒蒜片,放入四棱豆鲜荚,加入少许高汤。盖锅焖煮2分钟。⑦加入肉丝拌炒,等肉色变白,熟透即可盛盘。

3. 花生四棱豆

(1)原料　四棱豆250克,脆花生200克,蒜粒3瓣,盐、高汤、花生油各适量。

(2)做法　①四棱豆择除硬筋,放入加盐的100℃的滚水中汆烫1分钟,再捞出沥干水分,然后切成小段。②蒜粒剥除硬膜,剁成碎末。③起油锅,先下蒜末炒香,加入花生油炒1分钟,盛盘备用。④起油锅,放入四棱豆荚,加入高汤焖煮2分钟,用盐调味。⑤倒入先前炒过的花生,翻炒一下盛盘。

4. 一帆风顺

(1)原料　草鱼、四棱豆鲜荚、精盐、味精、料酒、粉面、高汤、葱末、姜丝、油各适量。

(2)做法　将四棱豆鲜荚洗净去头切尾,用刀切开嫩荚。鱼经过初步加工后,在腹部切几刀,用精盐、味精、料酒、葱末、姜丝渍味15分钟,去除异味后放盘制成船形,上笼蒸10分钟,将四棱豆嫩荚用热水汆一下,炒至入味后,整齐摆放在盘中形如风帆,用高汤调味勾芡。浇注即成。

(3)特点　造型美观,嫩荚爽脆,鱼肉鲜香。

5. 四棱豆炒肉丝

(1)原料　四棱豆鲜荚、瘦猪肉、红辣椒、葱、姜、鸡蛋、芡粉、油(也可用四棱豆油)各适量。

(2)做法　将四棱豆鲜荚洗净切成丝,瘦猪肉切成丝,红辣椒切成丝。将肉丝放入鸡蛋粉面中上浆,滑油,将四棱豆嫩荚丝用水烫一下。锅内留油下葱、姜、红辣椒及调味料一齐下锅,翻炒,淋入明油出锅装盘,即可上桌。

（3）特点　咸香爽口,色泽美观。

6. 清炒四棱豆

（1）原料　四棱豆鲜荚、葱、姜、蒜蓉、料酒、味精、油(也可用四棱豆干豆粒榨出的油,富含维生素 D)各适量。

（2）做法　将四棱豆鲜荚洗净,用刀切开,再切成卧刀片,焯后放少许油、葱、姜、蒜蓉炒出香味后,放入切好的四棱豆鲜荚,放料酒、味精翻炒变色后,出锅装盘即成。

（3）特点　清脆爽口,色泽碧绿。

7. 四棱豆炒鸡丁

（1）原料　鸡脯肉、四棱豆鲜荚、胡萝卜、笋片、木耳、鸡蛋、淀粉、油、葱、姜、蒜各适量。

（2）做法　将鸡脯肉切成鸡丁块,将四棱豆鲜荚和胡萝卜洗净切成丁块,将洗净的木耳撕成小片备用。将鸡丁肉块用半个鸡蛋清加淀粉少许上浆,用油炸熟至鲜黄色。四棱豆鲜荚、胡萝卜、笋片分别过沸水焯过,锅内留底油炸烟葱花、姜片,下入鸡丁肉块、胡萝卜、木耳、笋片加调料翻炒,淋入明油,加流水芡少许,出锅装盘。

（3）特点　红白绿相间,色泽美观,营养丰富。

8. 四棱豆鲜荚炒大墨鱼

（1）原料　四棱豆鲜荚、大墨鱼、胡萝卜、蒜片、葱末、姜、胡椒粉、味精、油、米酒、鸡精、精盐各适量。

（2）做法　将四棱豆鲜荚焯透顶刀切成块丁,大墨鱼切成块丁,胡萝卜切成块丁。将大墨鱼过油,锅底留油,热后下葱末、姜、蒜片,下入大墨鱼、四棱豆鲜荚、胡萝卜后,放入米酒、精盐、胡椒粉、味精、鸡精翻炒后,淋入明油,勾流水芡浇上即成。

(3)特点　鲜香可口,色泽美观。

9. 口蘑扒蟹柳四棱豆

(1)原料　四棱豆鲜荚、蟹柳、口蘑、蒜、葱、姜、味精、精盐、鸡精、油、淀粉、高汤各适量。

(2)做法　将四棱豆鲜荚洗净切成长条,蟹柳从中间切开,口蘑切成蓑衣刀口,将四棱豆鲜荚、蟹柳过水渍味,四棱豆鲜荚与蟹柳交替摆放在盘里,口磨过水后摆放在拼盘中间,然后上笼蒸 5 分钟,锅内爆炒蒜片、姜、葱丝出味后放入高汤、鸡精、精盐、味精,勾流水芡浇在口磨和四棱豆鲜荚之上即成。

(3)特点　形状美观,红绿相间,口味适口。

10. 四棱豆鲜荚烧鱼块

(1)原料　四棱豆鲜荚、半成品草鱼、葱段、姜片、味精、精盐、油、胡椒粉、粉芡、料酒、高汤、酱油各适量。

(2)做法　将四棱豆鲜荚洗净切成片,鱼肉切成块,将精盐、料酒、味精少许腌味 10 分钟,然后放在六成热的油中过油出锅,锅内留油爆葱、蒜、姜再放入高汤、料酒、胡椒粉、酱油少许,放鱼块、四棱豆荚炒 2 分钟收汁后,勾芡盛盘。

(3)特点　菜鲜味浓,老少皆宜。

11. 四棱豆炒鱿鱼

(1)原料　四棱豆鲜荚、鲜鱿鱼、葱、姜、蒜、精盐、味精、胡椒粉、粉芡、料酒、油各适量。

(2)做法　将四棱豆鲜荚洗净切成段过水焯过待用,鱿鱼花过水,锅内加油烧至六至七成热,速下鱿鱼花立即捞出。锅底留油爆炒葱、蒜、姜出味后,下四棱豆鲜荚,再放少许料酒。下鱿鱼花,放入余下的调味料翻炒,勾少量流水芡出锅装盘。

（3）特点　鱿鱼鲜嫩，四棱豆脆爽适口。

12. 油炸四棱豆

（1）原料　四棱豆鲜荚、鸡蛋、面粉、料酒、味精、精盐、蒜片、姜、葱、胡椒粉、四棱豆绿色植物油、花椒面各适量。

（2）方法　将四棱豆鲜荚洗净备用，把鸡蛋打进面粉中调成糊状，将精盐、味精、料酒、胡椒粉、花椒面加入糊中。锅中油烧至六至七成热时，将粘满面糊的四棱豆鲜荚放入油锅中，炸至金黄色，起锅后切段入盘，即可食用。

（3）特点　色、香、味、形俱佳。

13. 热狗四棱豆

（1）原料　四棱豆嫩荚 250 克，小热狗 3 大条，香菇 5 朵，高汤、精盐、味精、油各适量。

（2）做法　①热狗剥除外覆的塑料胶膜，洗净之后切成圆形小块。②香菇切除蒂头，洗净，先切成长条，再切成丁块。③四棱豆择除硬丝洗净，切成小段放入添加少许精盐的滚水中汆烫，捞出沥干备用。④起油锅，先下香菇炒香，再放入四棱豆嫩荚续炒。⑤加入少许高汤，盖上锅盖，继续焖煮 1 分钟。⑥加入热狗续炒，放精盐、味精调味后即可盛盘。（注：小热狗指西式快餐中面包夹的熟小香肠）

14. 家常四棱豆

（1）原料　四棱豆嫩荚 500 克，猪瘦肉 100 克，植物油 40克，酱油 30 克，豆瓣酱 10 克，水淀粉 10 克。

（2）做法　①将四棱豆荚洗干净斜切成 1 厘米长的小段，加入滚水中汆烫 1 分钟，猪瘦肉切成小薄片，豆瓣酱剁碎。②将炒锅置于火上，放入四棱豆嫩荚、豆瓣酱煸炒几下，加入酱油、清水（以没过四棱豆菜荚为度）在中火上焖煮，豆汤汁将尽时，用水淀粉勾芡入盘内即成。

15. 四棱豆炒牛肉丝

(1)原料　四棱豆鲜荚 300 克,牛肉 100 克,花生油 40 克,香油 10 克,酱油 30 克,精盐 2 克,味精 2 克,料酒 10 克,水淀粉 10 克,葱末、姜末各 3 克。

(2)做法　①四棱豆荚除硬丝洗净,放入沸水余烫 2 分钟过凉水,再用顶刀斜切成 3 厘米的小段。嫩牛肉洗净切成 6 厘米长、0.5 厘米粗的牛肉丝。②将炒锅置火上,放入花生油、葱末、姜末炝锅放入牛肉丝煸炒至断生。烹入料酒、酱油,放入菜荚。加精盐、味精翻炒均匀,用水淀粉勾芡,淋入香油,盛入盘内即成。

16. 凉拌四棱豆

(1)原料　四棱豆荚 250 克,香油 10 克,精盐 40 克,味精 1 克,醋 10 克,蒜米 10 克。

(2)做法　①将四棱豆荚洗干净,切成 2 厘米长小段,放入沸水锅内焯熟捞出,放入盘内。②加入蒜米、精盐、味精、醋、香油,拌匀即成。

17. 四棱豆沙拉

(1)原料　沙拉酱 1 包(沙拉酱是西餐中的一种调味料),四棱豆荚 300 克。

(2)做法　四棱豆荚用沸水余 3～5 分钟,沥干放凉,再切成小段淋上沙拉酱,即可食用。制作要点:煮四棱豆荚的时间要视四棱豆荚的大小增减,煮的时间不要过长,以免煮老了。四棱豆沙拉酱冰凉后吃更清脆爽口。

18. 炝拌四棱豆

(1)原料　四棱豆嫩荚 300 克,胡萝卜 50 克,调料、精盐、味精、花椒粒、香油、植物油各适量。

(2)做法　①将四棱豆洗净,滚刀切成块,在加有精盐的滚水中焯至变色,立即取出置于冷水中投凉,沥干水分放入盘中。胡萝卜切成菱形片,用开水焯熟,冷水投凉,沥干,摆在四棱豆鲜荚上。②加入精盐、香油、味精拌匀。③炒锅中的油烧至六成热,下花椒粒,炸出香味,离火捞出花椒粒,立即浇在四棱豆菜荚上,用1只大碗,盖住略闷一会(注意时间不宜过长,以免四棱豆荚由绿变为黄色),吃时拌匀即可。

(3)特点　含胡萝卜素和植物蛋白高。色彩鲜艳,清淡适口。

19. 蒜蓉四棱豆

(1)原料　四棱豆荚350克,大蒜5瓣,精盐、味精、花生油各适量。

(2)做法　①将四棱豆荚洗净,放在加精盐的沸水中焯透(断生),冷水过凉,沥干水分,切成滚刀块或寸段,再将大蒜拍碎成蒜蓉备用。②炒锅上火,加油烧热放四棱豆荚迅速翻炒,加精盐、味精及调味品即可出锅。

(3)特点　鲜荚嫩脆,清香爽口。

20. 奶汁四棱豆

(1)原料　四棱豆嫩荚300克,培根(培根是英文 BA-CON 的译音,指咸肉。一般用猪的胸肉加盐熏制而成,也叫烟肉。)4片,黄油、牛奶、精盐、味精、肉汤、淀粉各适量。

(2)做法　①四棱豆荚洗净,顺长轴剖成两半,在沸水中焯一下,投入凉水中冷却,沥干;培根切丝,备用。②锅中放入黄油,加热化开,下入四棱豆菜荚断生。再加精盐、味精调味,把四棱豆菜荚码在盘中。③在盛出四棱豆荚的汤汁中倒入牛奶,下培根丝煮沸,用淀粉勾芡,浇在四棱豆菜荚上即可。

(3)特点　口感润滑,味浓鲜美,营养丰富。

21. 四棱豆汤

(1)原料　四棱豆荚 11.35 千克,汤汁基料 189.25 升,去骨、皮的火腿 5.68 千克,精盐 1.14 千克,沸水 142 升,白胡椒 34.05 克。

(2)做法　将四棱豆在冷水中浸泡 12 小时,把火腿切成丁放入小笼箱内,将沥干水的豆和火腿放入 142 升沸水中,煮 2 小时,或煮至豆荚非常软。取出四棱豆荚和火腿,把豆通过旋转式打浆机,复将豆泥放入锅内水中,加胡椒、精盐、汤汁基料和火腿,加热至 80℃以上,装入 1 号野餐罐,每罐装量 300 克,然后密封,在 121℃下杀菌 30 分钟,冷却即可。

22. 两面果酱馒头

(1)原料　面粉 300 克,四棱豆面 100 克,果酱 250 克,发酵面头 100 克,白糖 30 克,碱适量。

(2)做法　①面粉加发酵面头,用温水和成面团,发酵后,对入适量碱揉匀。②将四棱豆面、白糖揉进对好碱的发面里,稍饧后,将面团搓成长条,揪 50 克 1 个面团,按扁,包上果酱心,团成小馒头状,即成生坯。③待蒸锅上汽,把生坯码入屉内,用旺火蒸 20 分钟即成。

(3)特点　暄软、甜酸,营养丰富,治疗佝偻病。

第三节　效益分析

一、利用现状

四棱豆以营养全面,味道鲜美,品质好而引起各国营养学家们的高度重视和关注,全球现有 80 多个国家(地区)引种开发和研究,还通过国际性的学术会议探讨四棱豆的栽培、发展、加工和利用,把四棱豆确定为 21 世纪的绿色健康食品。

河南省濮阳县农村致富研究学会自育的品种(濮棱 008、

濮棱 098、濮棱 168、濮棱 2000、强丰 168、碧翠 5 号），在濮阳地域种植产量、品质和经济效益都很不错，其中选育的品种还在国家蔬菜系统研究中心、河南农业科学院落户。以不同的价格出售到湖北、重庆、湖南、山东、辽宁、北京等地，折合每 667 平方米效益在 7 万元，得到当地科技、蔬菜、农业、新闻等部门极大关注，还得到种业机构支持，并拍摄了《顺强四棱豆》VCD 科教片。2007 年 7 月 7 日组建了中国四棱豆网（www. silengdou. cn 或 www. sqsld. cn），2008 年 1 月 6 日申请成功了中华四棱豆网（www. silengdou. com 或 net），2008 年 3 月 27 日国家知识产权局正式授权四棱豆包装袋外观专利。这是中国第一件以四棱豆为题材的专利。四棱豆一般每 667 平方米产鲜叶 100 千克，鲜荚 1 000～2 000 千克，干粒 100～250 千克。花 15 千克，嫩梢 50 千克，薯块 100～1 000 千克，蔓藤 2 000～3 500 千克。以濮阳的市场价格（中间价）为例：鲜叶 1.05 元/千克，即为 105 元/667 平方米；嫩荚价格 2 元/千克，即为 2 000～4 000 元/667 平方米；干粒每千克 3～5 元，即为 300～500 元/667 平方米；薯块每千克价格 0.5 元，即为 100～300 元/667 平方米；蔓藤每千克 0.5 元，每 667 平方米可达 1 000 元。综上所述合计，667 平方米效益为 3 500～5 000 元。如果以栽培花卉园艺制作销售，667 平方米效益可达 4 万元。

四棱豆蔬菜市场价格在大城市要比本地价格高许多。2002～2003 年度，每千克在北京卖到 21 元，上海 20 元，广州 16 元，南京 18 元，哈尔滨 25 元。现在全国平均价格都不低于 5 元/千克，成为各家餐馆争相出售的特色菜、亮点菜、品牌菜，成为保健营养餐追随的热门。

四棱干豆的种皮较厚、较硬。煮食时，把漂好的豆子加 5

倍的水浸泡,然后在水中加 1‰的碳酸氢钠(小苏打),煮开豆子,炖 3 分钟移开火源,豆子浸泡 10 小时左右沥干,清水冲洗 2 次,再加 2 倍的新鲜清水煮 25 分钟即可。煮熟的豆子、豆皮都很柔软,就可以进行调味或调配成许多其他的传统豆菜。这种方法,去掉了单宁和一些不好的怪味,并可解除胰蛋白酶抑制素和凝血素的毒性。

烘烤便于去壳,粉碎还可破坏胰蛋白酶阻碍因子、凝血素、甲状腺肿起因物质、皂苷等对人体有害的物质。一般采用 160℃,10~20 分钟。用炉火烘烤,极易破坏该物质。粉碎细度,做面包、面条、米粉、蛋糕等添加剂,需要过 200~300 目的细筛,而做一般糕点、饼干,只需过 60~100 目筛。湖南郴州市粮油食品厂试制四棱豆粉强化面包,与该市的普通鸡蛋甜圆面包对比,体积要大,味要香,色要好,水分保持久,不易老化,存架期相对要长 2~3 天,氨基酸含量分析,很令人满意。

四棱豆豆腐是老少皆宜的食品,可是传统的手工制作豆腐的方法既繁琐又费力,如购买一套全自动即时豆腐加工机制作,则可以为您脱贫致富助一臂之力。即时豆腐机能生产豆浆、豆腐脑及豆腐。从洗涤豆料到加工成豆类制品均可自动完成,时间仅需半小时,成品干净卫生,营养价值高,尤其是现场制作,现场销售,消费者可以直接观看、监督整个加工过程。豆腐机价格依功能、型号的不同而不同,有数千元至几万元不等,依产量要求来决定。

二、四棱豆项目的开发前景

1. 投资规模 每 667 平方米投入 1 000 元左右。

2. 适宜地区 中国大部分地区,适合豇豆、眉豆、棉花种植的地区都可以发展。

3. 适合人群 普通农户。四棱豆原本只适合南方种植,经河南省濮阳县农村致富研究学会裴顺强等的精心培育下，已培育出适合我国大部分地区种植的品种，目前已发展到北到黑龙江齐齐哈尔市，南到海南省都能适宜生长。被有关部门列为农民致富候选项目。

4. 品种特色　四棱菜豆富含蛋白质、氨基酸、维生素以及矿物质，有"植物蛋白质之王"的美称，又因为富含铁质被称为"补血"蔬菜。它的嫩荚、嫩梢、嫩叶、块根、种子都可食用。四棱豆炒食则清脆爽口，荤素皆宜；还可制作冷盘泡菜，做汤碧绿可爱，独特的菜形和口味，是近年兴起的一种稀有蔬菜。

5. 效益分析　在四棱豆种植区，四棱豆可分为春种露地栽培和秋种温室栽培两种方式。主要销售嫩荚、叶菜，每 667 平方米产菜荚 2 000 千克，按市场价 3～4 元/千克，叶菜市场 1 元/千克销售，则每 667 平方米收入 1.2 万～1.6 万元。如果用四棱豆生产豆腐，还可增值。

6. 销路提示　可以作为普通蔬菜的新菜样进入传统农贸市场，还可将其作为特菜精心包装（包装上可对其在营养、功能、味道及烹饪方法上的特色做重点介绍）后，打入超市。（可查询 http：www. sqsld. cn 或 www. silengdou. com/net/cn，中华（国）四棱豆网或四棱豆网）

附　录

附录一　无公害四棱豆食品标准

国家农业部 2004 年 1 月 7 日发布,2004 年 3 月 1 日实施。(NY/T 5253—2004)

1　范围

本标准规定了无公害食品四棱豆的要求、试验方法、检验规则、标识。本标准适用于菜用无公害食品四棱豆豆荚的质量评定和贸易。

2　规范性引用文件

下列文件中的条款通过本标准的引用而成为本标准的条款。凡是注日期的引用文件,其随后所有的修改单(不包括勘误的内容)或修订版均不适用于本标准,然而,鼓励根据本标准达成协议的各方研究是否可使用这些文件的最新版本。凡是不注日期的引用文件,其最新版本适用于本标准。

GB/T 5009.12　食品中铅的测定

GB/T 5009.15　食品中镉的测定

GB 7718　食品标签通用标准

GB/T 8855　新鲜水果和蔬菜的取样方法

GB/T 5009.102　植物性食品中辛硫磷农药残留量的测定

GB/T 5009.105　黄瓜中百菌清残留量的测定

GB/T 5009.126　植物性食品中三唑酮残留量的测定

GB/T 5009.145　植物性食品中有机磷和氨基甲酸酯类农药多种残留的测定

GB/T 5009.146 植物性食品中有机氯和拟除虫菊酯类农药多种残留的测定

3 要求

3.1 感官指标

无虫害;表面洁净,不得沾染泥土或被其他外物污染;无腐烂、变质豆荚。

每批豆荚中不符合基本要求的豆荚按质量计不超过3%。

3.2 安全指标

应符合附表1的规定。

4 试验方法

4.1 感官指标

将样本置于自然光下,通过感官检验虫害、污染物、腐烂等,对不符合基本要求的样品做各项记录。如果一个样品同时出现多种缺陷,选择一种主要的缺陷,按一个缺陷计。总不合格率用 x 表示,数值以%表示,按式(1)计算:

$$x = m_1 / m_2 \times 100 \qquad (1)$$

注:式中:m_1——不合格品的质量的数值,单位为千克(kg);m_2——检验样本的质量的数值,单位为千克(kg)。计算结果精确到小数点后一位。

附表1 无公害四棱豆卫生要求 (单位:毫克/千克)

项　目	指　标
铅(以 Pb 计)	≤0.2
镉(以 Cd 计)	≤0.05
百菌清(chlorothalonil)	≤1
三唑酮(triadimefon)	≤0.2
溴氰菊酯(deltamethrin)	≤0.2

项 目	指 标
氯氟氰菊酯(cyhalothrin)	≤0.5
敌百虫(trihlorfon)	≤0.1
乐果(dimethoate)	≤1
辛硫磷(phoxim)	≤0.05

注:根据《中华人民共和国农药管理条例》,剧毒与高毒农药不得在四棱豆生产中使用

4.2 安全指标

4.2.1 铅的测定

按 GB/T 5009.12 规定执行。

4.2.2 镉的测定

按 GB/T 5009.15 规定执行。

4.2.3 百菌清的测定

按 GB/T 5009.105 规定执行。

4.2.4 辛硫磷的测定

按 GB/T 5009.102 规定执行。

4.2.5 三唑酮的测定

按 GB/T 5009.126 规定执行。

4.2.6 溴氰菊酯、氯氟氰菊酯的测定

按 GB/T 5009.145 规定执行。

4.2.7 乐果、马拉硫磷、敌百虫的测定

按 GB/T 5009.146 规定执行。

5 检验规则

5.1 组批

同产地、同时采收或同一批收购的四棱豆豆荚作为一个

检验批次。

5.2　抽样方法

按 GB/T 8855 规定执行。

5.3　型式检验

型式检验是对产品进行全面考核,即对本标准规定的全部要求(指标)进行检验。有下列情形之一者应进行型式检验:

a) 申请无公害食品标志或无公害食品年度抽查检验;

b) 前后两次抽样检验结果差异较大;

c) 人为或自然因素使生产环境发生较大变化;

d) 有关行政主管部门提出型式检验要求。

5.4　交收检验

每批产品交收前,生产单位都应进行交收检验。交收检验内容包括基本要求、标识等,安全指标由交易双方根据实际情况选测。检验合格并附合格证方可交收。

5.5　判定规则

①按本标准进行测定,测定结果符合本标准技术要求的则该批产品为合格。

②安全指标有一项不合格,则该批产品判为不合格。

6　标识

产品的标签应符合 GB 7718 规定,并有无公害农产品专用标志。

附录二　无公害食品　四棱豆生产技术规程

国家农业部 2004 年 1 月 7 日发布,2004 年 3 月 1 日实施(NY/T 5254—2004)

1 范围

标准规定了无公害四棱豆(*Psophocarpus tetragonolobus* DC.)生产的产地环境条件要求、种植园地的前处理、种子处理、育苗、田间管理、病虫害综合防治及采收等技术规程。本标准适用于全国无公害四棱豆生产。

2 规范性引用文件

下列文件中的条款通过本标准的引用而成为本标准的条款。凡是注日期的引用文件,其随后所有的修改单(不包括勘误的内容)或修订版均不适用于本标准,然而,鼓励根据本标准达成协议的各方研究是否可使用这些文件和最新版本。凡是不注日期的引用文件,其最新版本适用于本标准。

GB 4285 农药安全使用标准

GB 5084 农田灌溉水质标准

GB/T 8321 (所有部分)农药合理使用准则

NY 5010 无公害食品 蔬菜产地环境条件

3 术语和定义

下列术语和定义适用于本标准。

3.1 硬豆 hard seeds

指四棱豆种子中一些种皮较厚、质地坚硬、吸水较慢、发芽困难的种子。

4 产地环境

产地环境条件应符合 NY 5010 中的有关规定。

5 生产技术

5.1 保护设施

四棱豆生产上采用的保护设施和材料包括:加温温室、日光温室、塑料棚、温床和保温覆盖材料等。

5.2 栽培形式及播种期

5.2.1　露地栽培

当露地 5 厘米地温≥15℃以上,平均气温≥18℃可播种。

5.2.2　保护地栽培

加温温室、日光温室生产可周年播种。

5.3　品种(品系)选择

选择优质、早熟、符合当地市场消费习惯的品种(品系)。

5.4　精选种子

选择籽粒饱满、有光泽、无病虫害和无机械损伤的种子作为生产用种。

种子质量标准为:纯度≥95%,净度≥98%,发芽率≥75%,水分≤12%。以当年新生产的种子为佳。

5.5　种子处理

5.5.1　晒种

选择晴天晒种 2～3 天。

5.5.2　种子消毒

以 55℃热水浸泡种子 15 分钟,并不断搅拌使受热均匀,杀死种子表面所带病菌。

5.5.3　浸种

用 30℃左右的温水浸种 10～12 小时,挑选出已完全吸涨的种子进行催芽或播种,将部分吸涨的种子冲洗后继续浸种,每 7～8 小时换水一次,经 24 小时可全部吸涨。挑出不吸水的硬豆另行处理(具体见 5.5.4)。

5.5.4　硬豆机械擦皮处理

将硬豆放入粗砂中摇动 15～20 分钟,使种皮破损后再进行浸种,以提高发芽率。

5.6　催芽

将浸种后的种子在 25℃～30℃条件下催芽,催芽过程中每天用清水冲洗种子 2～3 次,当种子胚根长 3～5 毫米播种。

5.7 育苗

四棱豆一般采用直播,北方地区为提早上市可采用育苗移栽。

5.7.1 育苗设施

选用温室、塑料棚、温床等育苗设施,育苗前应对育苗设施进行消毒处理。

5.7.2 营养土配制

5.7.2.1 营养土要求

营养土要求养分全面、土壤疏松肥沃、无病虫害、保肥保水性能良好。配制好的营养土适用于营养钵和苗床育苗用土。

5.7.2.2 营养土配方

选取前茬非豆科作物的肥沃表土、炉灰渣(或腐熟马粪,或火烧土,或草炭土)、腐熟农家肥各 1/3,过筛混匀。不宜使用未腐熟的农家肥。

5.7.2.3 苗床土消毒

每平方米播种床用福尔马林 30～50 毫升,加水 3 升,喷洒床土,用塑料薄膜闷盖 3 天后揭膜,待气体散尽后播种;或用 50% 多菌灵可湿性粉剂 8～10 克和 50% 福美双可湿性粉剂等量混合剂,与 15～30 千克细土混合均匀撒在床面消毒。

5.7.3 播种方式

点播,营养钵直径应≥6 厘米,每营养钵播催芽种子 1～2粒,覆土 1.5～2.0 厘米。

5.7.4 苗期管理

5.7.4.1 温度管理

苗期各阶段温度管理指标见附表2。

附表 2 四棱豆育苗苗期温度管理指标

阶 段	白天适宜温度(℃)	夜间适宜温度(℃)	最低温度(℃)
播种至出土	26～30	16～20	16
出土后	20～28	15～18	15
定植前 4 天～5 天	20～23	12～15	12

5.7.4.2 肥水管理

移栽前 7～8 天施尿素一次,每 667 平方米施肥量为 15 千克,浇水送肥促发新根。

5.7.4.3 炼苗

定植前 5～6 天适当通风降温,控水炼苗。

5.7.5 壮苗标准

幼苗子叶完好,真叶 3～4 片,叶色浓绿,苗龄 25～30 天,无病虫害。

5.8 栽培技术

5.8.1 定植(播种)前的准备

5.8.1.1 土地选择

选择有水源、地势较为平坦、土壤疏松的土地;忌选地势低洼、土壤黏重的地块。

5.8.1.2 整地施肥

种植地块经深耕耙糖整平,达到平、松、细的标准,每 667 平方米施腐熟农家肥 2 000～3 000 千克,配合施用过磷酸钙 50 千克,硫酸钾 30 千克,整地做畦。

5.8.2 种植密度

北方地区行株距一般早熟品种为 0.6 米×(0.4～0.5) 米,晚熟品种为 0.8 米×(0.5～0.6)米;南方地区行株距一般为(0.8～1.0)米×(0.6～0.8)米。

5.8.3　田间管理

5.8.3.1　查苗、补苗

直播后 8～12 天进行查苗补苗,发现缺苗、弱苗的要及时补种(植),保证全苗、壮苗。

5.8.3.2　中耕除草、培土　苗期中耕除草 2～3 次,中耕宜浅不宜深,结合中耕进行培土。

5.8.3.3　搭架引蔓和修蔓

5.8.3.3.1　搭架:植株 15 厘米时需及时搭架引蔓。架形有三角架、平棚架和人字架等,架高≥1.5 米。搭架材料以坚固材料为主,如用大麻竹、小竹、树枝等。

5.8.3.3.2　引蔓:植株伸蔓后,在晴天下午进行人工引蔓上架,要求小心操作,避免折断蔓茎。

5.8.3.3.3　修蔓:将距离地面 50 厘米以下的侧蔓及过密衰老的枝叶及时剪除掉,保留 50 厘米以上的壮蔓。

5.8.3.4　肥水管理

5.8.3.4.1　施肥:施肥原则,前期以氮肥、磷肥为主,后期氮肥、钾肥为主。苗期至初花期,每 667 平方米施用速效氮 2.5～5 千克;初花期后,每 667 平方米施速效氮 3.5 千克,氧化钾磷 3.5 千克。结果期每采收 2～3 次后,每 667 平方米可施氮磷钾三元复合肥(15∶15∶15)20 千克或其他速效肥料。

5.8.3.4.2　水分管理:育苗移栽时需灌足定根水。苗期浇水以淋水为主,防止水分过多引起徒长。豆蔓上架后进行沟灌,保证水分均匀供应。结荚期应及时灌水,保持土壤湿润。雨季要及时排除田间积水,防止渍水烂根。灌溉用水水质应符合 GB 5084 农田灌溉水质标准要求。

5.8.3.5　保花保果

开花结荚期,应及时进行根外追肥和适当喷施植物生长调节剂保花保荚。每 667 平方米可用磷酸二氢钾 0.1 千克对水 54 升喷施叶面;也可选用叶面宝、喷施宝等药剂进行喷施,减少落花落荚,提高产量。

6 病虫害防治

6.1 主要病虫害

6.1.1 虫害:蚜虫、豆荚螟、红蜘蛛、白粉虱、茶黄螨、潜叶蝇等。

6.1.2 病害:锈病、病毒病、立枯病、细菌性疫病等。

6.2 防治方法

6.2.1 农业防治

实行与豆科作物 3 年以上的轮作,严格进行种子消毒,培育壮苗,合理施肥,氮磷钾配施,增施腐熟有机肥,及时排水防涝,摘除老叶、病叶和生长过旺叶片,改善田间通风条件,增强植株抗病能力。

6.2.2 物理防治

6.2.2.1 设置黄板诱杀蚜虫和潜叶蝇:在设施栽培条件下,按每 667 平方米设置 30~40 块的 30 厘米×20 厘米黄色黏胶或黄板涂机油,挂于行间进行诱杀。

6.2.2.2 利用糖醋液诱杀鳞翅目成虫。

6.2.2.3 银灰膜避蚜:在田间铺银灰色地膜或张挂银灰膜膜条避蚜。

6.2.2.4 杀虫灯诱杀:利用黑光灯、高压汞灯、频振杀虫灯等诱杀害虫。

6.2.3 生物农药防治

提倡采用农抗 120、Bt 乳剂、印楝素、苦参碱、农用链霉素、新植霉素、浏阳霉素等农药防治。

6.2.4 化学药剂防治

6.2.4.1 使用化学农药时,应执行 GB 4285 和 GB/T 8321(所有部分)相关标准。

6.2.4.2 针对相应的病虫害,对症下药(详见附表3)。应交替使用不同作用机理的农药,严格遵守农药安全间隔期原则,禁止使用剧毒、高毒农药。

7 采收

一般在开花后 13～15 天(南方地区 10～12 天),豆荚长宽定型、尚未鼓粒、嫩荚革质膜未出现,尚未木质化时采收。

附表3 四棱豆主要病虫害防治

病虫害名称	防治时期	防治推荐农药
蚜 虫	苗期至开花坐果期	溴氰菊酯、抗蚜威、氰戊菊酯、吡虫啉等
白粉虱	苗期至开花坐果期	噻嗪酮、氯氟氰菊酯、甲氰菊酯等
潜叶蝇	苗期至开花坐果期	毒死蜱、阿维菌素、毒死蜱＋氯氰菊酯(农地乐)等
红蜘蛛	苗期至开花坐果期	炔螨特等
豆荚螟	开花坐果期	杀螟杆菌、氟啶脲、Bt 等
病毒病	苗期至坐果期	病毒 A、植病灵(甲基硫菌灵＋代森锰锌)等
锈 病	开花坐果期	三唑铜、萎锈灵等
立枯病	幼苗期	多菌灵、甲基立枯磷等

附录三 四棱豆生产推荐安全农药

根据《中华人民共和国农药管理条例》，剧毒和高毒农药不得在蔬菜生产中使用。无公害蔬菜生产部分可使用的农药品种列于附表 4。

附表 4 无公害蔬菜生产使用的农药

序号	农药名称	剂 量	用量（克/次·667 米²或毫升/次·667 米²或倍数制剂）	安全间隔期（天）
1	敌百虫	90%固体	50～100 克	7
2	敌敌畏	80%乳油	100～150 毫升	5
3	乐 果	40%乳油	50～100 毫升	7
4	氰戊菊酯(杀灭菊酯、速灭杀丁)	10%乳油	5～10 毫升	3
5	杀虫威	20%乳油	800 倍液	3
6	二嗪农	5%乳油	1000 倍液	10
7	敌杀死(溴氰菊酯)	2.5%乳油	3000 倍液	7
8	氯氰菊酯(兴棉宝、安绿宝、灭百可)	10%乳油	1000～2000 倍液	3
9	百树菊酯(百树得)	5.7%乳油	1000 倍液	7
10	高效氯氟菊酯(功夫菊酯)	2.5%乳油	20～50 毫升	7
11	抗蚜威(辟蚜雾)	50%可湿性粉剂	10～20 克	7
12	除虫脲(灭幼脲Ⅰ号)	25%可湿性粉剂	1500 倍液	7

序号	农药名称	剂量	用量（克/次·667米²或毫升/次·667米²或倍数制剂）	安全间隔期（天）
13	吡虫啉（高效大功臣等）	5%可湿性粉剂	10～20克	3
14	王铜（氧氯化铜）	30%悬浮剂	600倍液	11
15	除虫菊酯	10%乳油	2000倍液	2
16	B.t	B.t 8000水剂	600倍液	免除限制
17	毒死蜱	40.7%乳油	50～70毫升	7
18	阿维菌素（害极灭、爱福丁）	1.8%乳油	33～50毫升	7
19	伏杀硫磷	35%乳油	130～190毫升	7
20	杀螟丹（巴丹）	90%可湿性粉剂	1000～2000倍液	21
21	甲氰菊酯（灭扫利）	20%乳油	1000～2000倍液	3
22	顺式氰戊菊酯（来福灵）	5%乳油	10～20毫升	3
23	七星宝	40%乳油	600倍液	3
24	农抗961	3亿/ml/水剂	150～200倍液	1
25	氟胺氰菊酯（马扑立克）	10%乳油	25～50毫升	7
26	扑虱灵	10%乳油	1000倍液	11
27	克螨特	73%乳油	2000倍液	7
28	双甲脒（螨克）	20%乳油	1000～2000倍液	30

序号	农药名称	剂 量	用量（克/次·667 米²或毫升/次·667 米²或倍数制剂）	安全间隔期（天）
29	三唑锡(倍乐霸)	25%可湿性粉剂	1000 倍液	21
30	瑞毒霉锰锌(甲霜灵、一锰锌)	58%可湿性粉剂	75～120 克	1
31	恶霜锰锌(杀毒矾)	64%可湿性粉剂	1000 倍液	3
32	多菌灵	25%可湿性粉剂	400 倍液	15
33	琥胶肥酸铜(DT)	30%悬浮剂	600 倍液	3
34	代森锌	65%可湿性粉剂	600 倍液	15
35	甲基托布津	50%悬浮剂	800 倍液	5
36	代森锰锌	70%可湿性粉剂	300 倍液	15
37	联苯菊酯(天王星、虫螨灵)	2.5%乳油	5～10 毫升	4
38	苯丁锡(托尔克)	50%可湿性粉剂	2000 倍液	7
39	百菌清	75%可湿性粉剂	600 倍液	7
40	粉锈宁	25%可湿性粉剂	1000 倍液	5

序号	农药名称	剂量	用量（克/次·667 米² 或毫升/次·667 米² 或倍数制剂）	安全间隔期（天）
41	辛硫磷	50%乳油	1000 倍液	5
42	亚胺硫磷	25%乳油	800 倍液	7
43	氯菊酯（除虫精）	10%乳油	6～24 毫升	2
44	丙硫磷（低毒硫磷）	50%乳油	1500 倍液	7
45	杀螟硫磷（杀螟松）	50%乳油	1000 倍液	21
46	氟啶脲（抑太保）	5%乳油	40～80 毫升	7
47	灭多威（万灵）	24%水剂	80～100 毫升	7
48	醚菊酯（多来宝）	10%悬浮剂	30～40 毫升	7
49	乙烯菌核利（农利灵）	50%可湿性粉剂	75～100 克	4
50	氟苯脲（农梦特）	5%乳油	45～60 毫升	10
51	腐霉利（速克灵）	50%可湿性粉剂	1500～2000 倍液	1
52	氟菌唑（特富灵）	30%可湿性粉剂	15～20 克	2
53	灭病威	40%悬浮剂	500～1000 倍液	7
54	喷克	80%可湿性粉剂	400～600 倍液	10
55	霜霉威（普力克）	72.2%水剂	400～600 倍液	10
56	杀虫双	25%水剂	250～400 倍液	15
57	农用链霉素	可溶性粉剂	4000 倍液	2

序号	农药名称	剂 量	用量(克/次·667米²或毫升/次·667米²或倍数制剂)	安全间隔期(天)
58	顺式氯氰菊酯(高效灭百可)	10%乳油	5~10 毫升	3
59	杀铃脲	20%悬浮剂	30~50 毫升	2
60	杀氰乳油	8%乳油	300~1000 倍液	夏季 4
61	氰戊菊酯(敌虫菊酯)	2%乳油	15~40 毫升	秋季 5
62	灭幼脲Ⅲ号	25%悬浮剂	2000 倍液	15
63	硫 黄	50%悬浮剂	150~200 倍液	10
64	辉丰快克	25%乳油	600~800 倍液	4
65	高脂膜	27%乳油	200~300 倍液	1
66	双效灵	10%水剂	200~500 倍液	7
67	杜邦克露	72%粉剂	1000 倍液	5
68	杜邦新万生	80%粉剂	600~1000 倍液	5
69	爱多收	0.3%~1.8%水剂	6000~8000 倍液	7
70	氟虫腈(锐劲特)	5%悬浮剂	25 毫升	
71	虫酰肼(米螨)	20%悬浮剂	25 毫升	
72	田福星	可湿性粉剂	10~20 克	

附录四 四棱豆生产禁用农药

附表 5 列出了绿色食品蔬菜生产中禁止使用的农药种类,无公害蔬菜生产中除了允许少量施用安全性药剂和除草剂之外,对其他农药的使用规定,应与绿色食品蔬菜相同。

附表5　四棱豆生产禁用农药

农药种类	农药名称	禁用原因
无机砷杀虫剂	砷酸钙、砷酸铅	高毒
有机胂杀菌剂	甲基胂酸锌、甲基胂酸铁铵、福美甲胂、福美胂、甲基胂酸钙胂	高残留
有机锡杀菌剂	三苯基醋酸锡、三苯氯化锡、毒菌锡、氯化锡	高残留
有机汞杀菌剂	氯化乙基汞、醋酸苯汞	剧毒、高残留
氟制剂	氟化钙、氟化钠、氟乙酸钠、氟乙酰胺、氟铝酸钠、硅酸钠	剧毒、高残留
有机氯杀虫剂	DDT、六六六、林丹、艾氏剂、狄氏剂	高残留
有机氯杀螨剂	三氯杀螨醇	工业品中含有DDT
卤代烷类熏蒸剂	二溴乙烷、环氧乙烷、二溴氯丙烷、溴甲烷甲烷	致癌、致畸、高毒
有机杂环类	敌枯双	致畸
有机磷杀虫剂	甲拌磷、乙拌磷、久效磷、对硫磷、甲基对硫磷、甲胺磷、甲基乙柳磷、氧化乐果、治螟磷、蝇毒磷、水胺硫磷、磷胺、地虫硫磷、丙线磷、氯唑磷、硫线磷、杀扑磷、特丁硫磷、克线丹、苯线磷、甲基硫环磷、内吸磷	高毒
氨基甲酸酯杀虫剂	克百威、涕灭威、灭多威、丁硫克百威、丙硫克百威	高毒或代谢物高毒

附表 5

农药种类	农药名称	禁用原因
二甲基甲脒类杀虫剂	杀虫脒	致癌、慢性毒性
取代苯类杀虫剂、杀菌剂	五氯硝基苯、苯菌灵	致癌、高残留
二苯醚类除草剂	除草醚、草枯醚	慢性中毒

附录五 农药剂型名称、代码及说明

为方便广大读者在生产、经营过程中,规范使用和管理农药,现将我国《农药剂型名称及代码》(GB/T 19378—2003)国家标准规定的农药产品剂型中(英)文名称、代码及涵义介绍如下,供参考。

农药剂型名称、代码及说明(之一)

剂型名称		代码	产品介绍
中　文	英　文		
原　药	technical material	TC	在制造过程中得到有效成分及杂质组成的最终产品,不能含有可见的外来物质和任何添加物,必要时可加入少量的稳定剂
母　药	technical concentrate	TK	在制造过程中得到有效成分及杂质组成的最终产品,也可能含有少量必需的添加物和稀释剂,仅用于配制各种制剂

农药剂型名称、代码及说明(之一)

剂型名称		代码	产品介绍
中　文	英　文		
粉　剂	dustable powder	DP	适用于喷粉或撒布的自由流动的均匀粉状制剂
触杀粉	contact powder	CP	具有触杀性杀虫、杀鼠作用的可直接使用的均匀粉状制剂
漂浮粉剂	flo-dust	GP	气流喷施的粒径小于 10 微米以下,在温室用的均匀粉状制剂
颗粒剂	granule	GR	有效成分均匀吸附或分散在颗粒中,及附着在颗粒表面,具有一定粒径范围可直接使用的自由流动的粒状制剂
大粒剂	macro granule	GG	粒径范围在 2000～6000 微米的颗粒剂
细粒剂	fine granule	FG	粒径范围在 300～2500 微米的颗粒剂
微粒剂	micro granule	MG	粒径范围在 100～600 微米的颗粒剂
微囊粒剂	encapsulated granule	CG	含有有效成分的微囊所组成的具有缓慢释放作用的颗粒剂
块　剂	block formulation	BF	可直接使用的块状制剂
球　剂	pellet	PT	可直接使用的球状制剂
棒　剂	plant rodlet	PR	可直接使用的棒状制剂
片　剂	tablet for direct application 或 tablet	DT 或 TB	可直接使用的片状制剂

剂型名称		代码	产品介绍
中　文	英　文		
笔　剂	chalk	CA	有效成分与石膏粉及助剂混合或浸渍吸附药液,制成可直接涂抹使用的笔状制剂(其外观形状必须与粉笔有显著差别)
烟　剂	smoke generator	FU	可点燃发烟而释放有效成分的固体制剂
烟　片	smoki tablet	FT	片状烟剂
烟　罐	smoke tin	FD	罐状烟剂
烟　弹	smoke cartridge	FP	圆筒状(或像弹筒状)烟剂
烟　烛	smoke candle	FK	烛状烟剂
烟　球	smoke pellet	FW	球状烟剂
烟　棒	smoke rodlet	FR	棒状烟剂
蚊　香	smoke coil	MC	用于驱杀蚊虫,可点燃发烟的螺旋形盘状制剂
蟑　香	cockroach coil	CC	用于驱杀蜚蠊,可点燃发烟的螺旋形盘状制剂
饵　剂	bait	RB	为引诱靶标害物(害虫和鼠等)取食或行为控制的制剂
饵　粉	powder bait	BP	粉状饵剂
饵　粒	granular bait	GB	粒状饵剂
饵　块	block bait	BB	块状饵剂
饵　片	plate bait	PB	片状饵剂

剂型名称		代码	产品介绍
中　文	英　文		
饵　棒	stick bait	SB	棒状饵剂
饵　膏	paste bait	PS	糊膏状饵剂
胶　饵	bait gel	BG	可放在饵盒里直接使用或用配套器械挤出或点射使用的胶状饵剂
诱　芯	attract wick	AW	与诱捕器配套使用的引诱害虫的行为控制制剂
浓饵剂	bait concentrate	CB	稀释后使用的固体或液体饵剂
可湿性粉剂	wettable powder	WP	可分散于水中形成稳定悬浮液的粉状制剂
油分散粒剂	oil dispersible powder	OP	用于有机溶剂或油分散使用的粉状制剂
水分散粒剂	water dispersible granule	WG	加水后能迅速崩解并分散成悬浮液的粒状制剂
乳粒剂	emulsifiable granule	EG	加水后成为水包油乳液的粒状制药
泡腾粒剂	effervescent granule	EA	投入水中能迅速产生气泡并崩解分散的粒状制剂,可直接使用或用常规喷雾器械喷施
可分散片剂	water dispersible tablet	WT	加水后能迅速崩解并分散形成悬浮液的片状制剂
泡腾片剂	effervescent tablet	EB	投入水中能迅速产生气泡并崩解分散的片状制剂,可直接使用或用常规喷雾器械喷施

剂型名称		代码	产品介绍
中　文	英　文		
缓释剂	briquette	BR	控制有效成分从介质中缓慢释放的制剂
缓释块	briquette block	BRB	块状缓释剂
缓释管	briquette tube	BRT	管状缓释剂
缓释粒	briquette granule	BRG	粒状缓释剂
可溶粉剂	water soluble pow-der	SP	有效成分能溶于水中形成真溶液,可含有一定量的非水溶性惰性物质的粉状制剂

农药剂型名称、代码及说明(之二)

剂型名称		代码	产品介绍
中　文	英　文		
可溶粒剂	water soluble gran-ule	SG	有效成分能溶于水中形成真溶液。可含有一定量的非水溶性惰性物质的粒状制剂
可溶片剂	water soluble tablet	ST	有效成分能溶于水中形成真溶液,可含有一定量的非水溶性惰性物质的片状制剂
可溶液剂	soluble concentrate	SL	用水稀释后有效成分形成真溶液的均相液体制剂
水　剂	aqueous solution	AS	有效成分及助剂的水溶液制剂
可溶胶剂	water soluble gel	GW	用水稀释后有效成分形成真溶液的胶状制剂
油　剂	oil miscible liquid	OL	用有机溶剂或油稀释后使用的均一液体制剂
展膜油剂	spreading oil	SO	施用于水面形成油膜的制剂

剂型名称		代码	产品介绍
中　文	英　文		
超低容量液剂	ultra low volume concentrate	UL	直接在超低容量器械上使用的均相液体制剂
超低容量微囊悬浮剂	ultra low volume aqueous capsule suspension	SU	直接在超低容量器械上使用的微囊悬浮液制剂
热雾剂	hot fogging concentrate	HN	用热能使制剂分散成细雾的油性制剂,可直接或用高沸点的溶剂或油稀释后,在热雾器械上使用的液体制剂
冷雾剂	cold fogging concentrate	KN	利用压缩气体使制剂分散成为细雾的水性制剂,可直接或经稀释后,在冷雾器械上使用的液体制剂
乳油	emulsifiable concentrate	EC	用水稀释后形成乳状液的均一液体制剂
乳胶	emulsifiable gel	GL	在水中可乳化的胶状制剂
可分散液剂	dispersible concentrate	DC	有效成分溶于水溶性的溶剂中,形成胶体液的制剂
糊剂	paste	PA	固体粉粒分散在水中,有一定黏稠密度,用水稀释后涂膜使用的糊状制剂
浓胶(膏)剂	gel or paste concentrate	PC	用水稀释后使用的凝胶或膏状制剂
水乳剂	emulsion oil in water	EW	有效成分溶于有机溶剂中,并以微小的液珠分散在连续相水中,成非均相乳状液制剂
油乳剂	emulsion water in oil	EO	有效成分溶于水中,并以微小水珠分散在油相中,成非均相乳状液制剂

剂型名称		代码	产品介绍
中　文	英　文		
微乳剂	msicro-emulsion	ME	透明或半透明的均一液体,用水稀释后成微乳状液体的制剂
脂　膏	grease	GS	黏稠的油脂状制剂
悬浮剂	suspension concentrate	SC	非水溶性的固体有效成分与相关助剂,在水中形成高分散度的黏稠悬浮液制剂,用水稀释后使用
微囊悬浮剂	capsule suspension	CS	微胶囊稳定的悬浮剂,用水稀释后成悬浮液使用
油悬浮剂	oil miscible flowable concentrate	OF	有效成分分散在非水介质中,形成稳定分散的油混悬浮液制剂,用有机溶剂式油稀释后使用
悬乳剂	suspoemulsion	SE	至少含有两种不溶于水的有效成分,以固体微粒和微细液珠形式稳定地分散在以水为连续流动相的非均相液体制剂
种子处理干粉剂	powder for dry seed treatment	DS	可直接用于种子处理的细的均匀粉状制剂
种子处理可分散粉剂	water dispersible powder for slurry seed treatment	WS	用水分散成高浓度浆状物的种子处理粉状制剂
种子处理可溶粉剂	water soluble pow-der for seed treatment	SS	用水溶解后,用于种子处理的粉状制剂
种子处理液剂	emulsion for seed treatment	LS	直接或稀释后,用于种子处理的液体制剂
种子处理乳剂	emulsion for seed treatment	ES	直接或稀释后,用于种子处理的乳状液制剂

剂型名称		代码	产品介绍
中　文	英　文		
种子处理悬浮剂	flowable concentrate for seed treatment	FS	直接或稀释后,用于种子处理的稳定悬浮液制剂
悬浮种衣剂	flowable concentrate for seed coating	FSC	含有成膜剂,以水为介质,直接或稀释后用于种子包衣(95%粒径≤2微米,98%粒径≤4微米)的稳定悬浮液种子处理制剂
种子处理微囊悬浮剂	capsule suspension for seed tratment	CF	稳定的微胶囊悬浮液,直接或用水稀释后成悬浮液种子处理制剂
气雾剂	aerosol	AE	将药液密封盛装在有阀门的容器内,在抛射剂作用下一次或多次喷出微小液珠或雾滴,可直接使用的罐装制剂
油基气雾剂	oil-based aerosol	OBA	溶剂为油基的气雾剂
水基气雾剂	water-based aerosol	WBA	溶剂为水基的气雾剂
醇基气雾剂	alcohol-based aerosol	ABA	溶剂为醇基的气雾剂
滴加液	drop concentrate	TKD	由一种或两种以上的有效成分组成的原药浓溶液,仅用于配制各种电热蚊香片等制剂
喷射剂	spray fluid	SF	用手动压力通过容器喷嘴,喷出液滴或液柱的液体制剂
静电喷雾液剂	clectrochargeable liquid	ED	用于静电喷雾的液体制剂
熏蒸剂	vapour releasing product	VP	含有一种或两种以上易挥发的有效成分,以气态(蒸气)释放到空气中,挥发速度可通过选择适宜的助剂或施药器械加以控制

剂型名称		代码	产品介绍
中　文	英　文		
气体制剂	gas	GA	装在耐压瓶或罐内的压缩气体制剂，主要用于熏蒸封闭空间的害虫
电热蚊香片	vaporizing mat	MV	与驱蚊器配套使用，驱杀蚊虫的片状制剂
电热蚊香液	liquid vaporizer	LV	与驱蚊器配套使用，驱杀蚊虫用的均相液体制剂
电热蚊香浆	vaporizing paste	VA	与驱蚊器配套使用，驱杀蚊虫用的浆状制剂
固液蚊香	solid-liquid vaporizer	SV	与驱蚊器配套使用，常温下为固体，加热使用时，迅速挥发并熔化为液体，用于驱杀害虫的固体制剂
驱虫带	repellent tape	RT	与驱虫器配套使用，用于驱杀害虫的带状制剂
防蛀剂	moth-proofer	MP	直接使用防蛀虫的制剂
防蛀片剂	moth-proofer tablet	MPT	片状防蛀剂
防蛀球剂	moth-proofer pellet	MPP	球状防蛀剂
防蛀液剂	moth-proofer liquid	MPL	液体防蛀剂
熏蒸挂条	vaporizing strip	VS	用于熏蒸驱杀害虫的挂条状制剂
烟雾剂	smoke fog	FO	有效成分遇热迅速产生成烟和雾（固态和液态粒子的烟雾混合体）的制剂
驱避剂	repellent	RE	阻止害虫、害鸟、害兽侵袭人、畜或植物的制剂
驱虫纸	repellent paper	RP	对害虫有驱避作用，可直接使用的纸巾

剂型名称		代码	产品介绍
中　文	英　文		
驱虫环	repellent belt	RL	对害虫有驱避作用,可直接使用的环状或带状制剂
驱虫片	repellent mat	RM	与小风扇配套使用,对害虫有驱避作用的片状制剂
驱虫膏	repellent paste	RA	对害虫有驱避作用,可直接使用的膏状制剂
驱蚊霜	repellent cream	RC	直接用于涂抹皮肤,难流动的乳状制剂
驱蚊露	repellent lotion	RO	直接用于涂抹皮肤,可流动的乳状制剂,黏度一般为 2000～4000cps
驱蚊乳	repellent milk	RK	直接用于涂抹皮肤,自由流动的乳状制剂
驱蚊液	repellent liquid	RQ	直接用于涂抹皮肤,自由流动的清澈液体制剂
驱蚊花露水	repellent floral water	RW	直接用于涂抹皮肤,自由流动的清澈、有香味的液体制剂
涂膜剂	lacquer	LA	用溶剂配制,直接涂抹使用并能成膜的制剂
涂抹剂	paint	PN	直接用于涂抹物体的制剂
窗纱涂剂	paint for window screen	PW	为驱杀害虫涂抹窗纱的制剂。一般为 SL 等剂型
蚊帐处理剂	treatment of mosqueto net	TN	含有驱杀害虫的有效成分的浸渍蚊帐的制剂
驱蚊帐	oong-lasting insecticide treated mosqueto net	LTN	含有驱杀害虫有效成分的化纤制成的长效蚊帐

剂型名称		代码	产品介绍
中　文	英　文		
桶混剂	tank mixture	TM	装在同一个外包装材料里的不同制剂,使用时现混现用
液固桶混剂	combi-pact solid/liquid	KK	由液体和固体制剂组成的桶混剂
液液桶混剂	combi-pact liquid/liquid	KL	由液体和液体制剂组成的桶混剂
固固桶混剂	combi-pact solid/solid	KP	由固体和固体制剂组成的桶混剂
药　袋	bag	BA	含有有效成分的套袋制剂
药　膜	mulching film	MF	用于覆盖保护地含有除草有效成分的地膜
发气剂	gas generating product	GE	以化学反应产生气体的制剂

附录六　农药喷雾加水稀释换算表

稀释倍数 \ 药量 \ 水量	每 50 升水		每 25 升水		每 15 升水	
	50 克	毫升	50 克	毫升	50 克	毫升
50	20	1000	10	500	6.0	300
80	12.5	625	6.3	310	3.5	180
100	10	500	5	250	3	150
150	6.6	330	3.3	165	1.8	90
200	5	250	2.5	125	1.5	75

稀释倍数 \ 水量 \ 药量	每50升水		每25升水		每15升水	
	50克	毫升	50克	毫升	50克	毫升
250	4	200	2	100	1.2	60
300	3	166	1.5	83	0.9	48
400	2.5	126	1.3	63	0.7	33
500	2	100	1	50	0.6	30
600	1.7	90	0.9	45	0.45	24
700	1.4	80	0.7	40	0.4	20
800	1.2	62	0.6	31	0.35	18
900	1.1	55	0.55	28	0.33	17
1000	1.0	50	0.5	25	0.3	15
1200	0.7	40	0.35	20	0.2	12
1500	0.6	33	0.3	16	0.15	9
2000	0.5	25	0.25	12.5	0.13	7

读者反馈意见表（Reader's comments）

读者简况（Reader's information）

姓名（Name）		职称（Occupation）		职务（Tite）	
单位性质 （Respohsibility）		管理 （Management）		研究 （Research）	
		推广 （Extension）		生产 （Production）	
工作单位（Organization）					
通讯地址（Mail Address）					
联系方式（Contacts）		电话（Tel·）		电子信箱 （E-mail）	

读者反馈意见（Reader's comments）

错误内容 （Enror）		页 （Page）		行 （Line）	
遗漏内容 （Omission）		页 （Page）		行 （Line）	
不准确内容 （Confusion）		页 （Page）		行 （Line）	
应修改为 （Correction）					
增补内容 （Supplement）					
准确内容 （Amendments）					
评价意见 （Notes）					

注：以上表格您也可复印或另备，您也可另写论文、试验报告或其他形式的文稿都可以寄来。诚待共同解决生产中的难题。来电、来函也可用 E-mail 形式发过来。

作者工作单位：《中国农村科技》杂志社濮阳通联站或者写濮阳农村致富研究学会。地址：河南省濮阳县城关镇裴西屯 253 号。联系电话：0393-4230772 手机：13030312316　15939360028　13781356548　邮政编码：457100

联系人：裴顺强　窦玉民　裴慧达 网址：www. silengdou. cn（www. sqsld. cn）E-mail：peishunqiang@126. com

参 考 文 献

[1] 中国大百科全书(农业科学). 北京:中国大百科全书出版社, 1990.

[2] 龙静宜. 豆类蔬菜栽培技术. 北京:金盾出版社,1999.

[3] 王晋华,赵肖斌,裴顺强. 图文精解珍稀豆类种植技术. 郑州:中原农民出版社,2005.

[4] 常涛. 8种豆类特菜栽培技术. 北京:中国农业出版社,2003.

[5] 吕佩珂,李明远. 中国蔬菜病虫原色图谱. 北京:农业出版社, 1996.

[6] 宋元林等. 特种蔬菜栽培技术. 北京:科学技术文献出版社, 2001.

[7] 严奉伟,刘良中. 严泽湘蔬菜深加工 247 例. 北京:科学技术文献出版社,2001.

[8] 张世明,徐建堂. 秸秆生物反应堆新技术. 北京:中国农业出版社,2005.

[9] 余志新,张艳冰. 作物营养与施肥. 兰州:甘肃人民出版社, 1985.

[10] 郭昌盛. 农副产品巧加工——150 种风味食品制作技术. 北京:中国农业出版社,1999.

[11] 饶璐璐. 稀特蔬菜 · 保健食谱. 北京:农村读物出版社,2000.

[12] 文国荣,淡贵宝. 四棱豆品种资源观察及品种选育. 中国蔬菜, 2003.

[13] 高凤菊,朱金英,王友平,戴忠民. 四棱豆的组培快繁技术研究. 长江蔬菜,2003.

[14] 杜冠华,李学军. 维生素及矿物质白皮书. 上海百姓出版社, 2002.

[15] 夏春森,徐冉等. 盆栽蔬菜有趣味. 北京:中国农业出版社, 2002.

[16]　中国农作物病虫图谱〈贮粮病虫〉. 农业出版社,1979.

[17]　郭巨先,杨暹 . 四棱豆栽培实用技术 . 北京:中国农业出版社,2004.

[18]　郑健秋 . 现代蔬菜病虫鉴别与防治手册(全彩版). 北京:中国农业出版社,2004.

[19]　裴顺强 . 四棱菜豆 . 郑州:河南科学技术出版社,2006.

金盾版图书，科学实用，
通俗易懂，物美价廉，欢迎选购

怎样种好菜园（南方本第二次修订版）	8.50元	三元朱村种菜关键技术121题	10.00元 13.00元
菜田农药安全合理使用150题	7.00元	菜田除草新技术	7.00元
露地蔬菜高效栽培模式	9.00元	蔬菜无土栽培新技术（修订版）	11.00元
图说蔬菜嫁接育苗技术	14.00元	无公害蔬菜栽培新技术	7.50元
蔬菜贮运工培训教材	8.00元	长江流域冬季蔬菜栽培技术	10.00元
蔬菜生产手册	11.50元		
蔬菜栽培实用技术	20.50元	夏季绿叶蔬菜栽培技术	4.60元
蔬菜生产实用新技术	17.00元	四季叶菜生产技术160题	7.00元
蔬菜嫁接栽培实用技术	10.00元		
蔬菜无土栽培技术操作规程	6.00元	蔬菜配方施肥120题	6.50元
蔬菜调控与保鲜实用技术	18.50元	绿叶菜类蔬菜园艺工培训教材	8.00元
蔬菜科学施肥	9.00元	绿叶蔬菜保护地栽培	4.50元
城郊农村如何发展蔬菜业	6.50元	绿叶菜周年生产技术	12.00元
		绿叶菜类蔬菜病虫害诊断与防治原色图谱	20.50元
蔬菜规模化种植致富第一村——山东省寿光市		绿叶菜类蔬菜良种引种指导	10.00元

以上图书由全国各地新华书店经销。凡向本社邮购图书或音像制品，可通过邮局汇款，在汇单"附言"栏填写所购书目，邮购图书均可享受9折优惠。购书30元（按打折后实款计算）以上的免收邮挂费，购书不足30元的按邮局资费标准收取3元挂号费，邮寄费由我社承担。邮购地址：北京市丰台区晓月中路29号，邮政编码：100072，联系人：金友，电话：(010)83210681、83210682、83219215、83219217(传真)。